연병지남

練兵指南

연병지남

練兵指南

북방의 기병을 막을
조선의 비책

한 교 저 | 노영구 역해

규장각
새로 읽는
우리 고전

012

아카넷

'규장각 고전 총서' 발간에 부쳐

　고전은 과거의 텍스트이지만 현재에도 의미 있게 읽힐 수 있는 것을 이른다. 고전이라 하면 사서삼경과 같은 경서, 사기나 한서와 같은 역사서, 노자나 장자, 한비자와 같은 제자서를 떠올린다. 이들은 중국의 고전인 동시에 동아시아의 고전으로 군림하여 수백 수천 년 동안 그 지위를 잃지 않았지만, 때로는 자신을 수양하는 바탕으로, 때로는 입신양명을 위한 과거 공부의 교재로, 때로는 동아시아를 관통하는 글쓰기의 전범으로, 시대와 사람에 따라 그 의미는 동일하지 않았다. 지금은 이들 고전이 주로 세상을 보는 눈을 밝게 하고 마음을 다스리는 방편으로서 읽히니 그 의미가 다시 달라졌다.

　그러면 동아시아 공동의 고전이 아닌 우리의 고전은 어떤 것이고 그 가치는 무엇인가? 여기에 대한 답은 쉽지 않다. 중국 중심의 보편적 가치를 지향하던 전통 시대, 동아시아 공동의 고전이 아닌 조선의 고전이 따로 필요하지 않았기에 고전의 권위를 누릴 수 있었던 우리의 책은 많지 않았다. 이 점에서 우리나라에서 고전은 절로 존재하였던 과거형이 아니라 새롭게 찾아 현재적 가치를 부여하면서 그 권위가 형성되는 진행형이라 하겠다.

서울대학교 규장각한국학연구원은 법고창신의 정신으로 고전을 연구하는 기관이다. 수많은 고서 더미에서 법고창신의 정신을 살릴 수 있는 텍스트를 찾아 현재적 가치를 부여함으로써 새로운 고전을 만들어 가는 일을 하여야 한다. 그간 이러한 사명을 잊은 것은 아니지만, 기초적인 연구를 우선할 수밖에 없는 현실로 인하여 우리 고전의 가치를 찾아 새롭게 읽어주는 일을 그다지 많이 하지 못하였다. 이제 이 일을 더 미룰 수 없어 규장각한국학연구원에서는 그간 한국학술사 발전에 큰 기여를 한 대우재단의 도움을 받아 '규장각 새로 읽는 우리 고전 총서'를 기획하였다. 그 핵심은 이러하다.

현재적 의미가 있다 하더라도 고전은 여전히 과거의 글이다. 현재는 그 글이 만들어진 때와는 완전히 다른 세상이다. 더구나 대부분의 고전은 글 자체도 한문으로 되어 있다. 과거의 글을 현재에 읽힐 수 있도록 하자면 현대어로 번역하는 일은 기본이고, 더 나아가 그 글이 어떠한 의미가 있는지를 꼼꼼하고 친절하게 풀어주어야 한다. 우리 시대 지성

인의 우리 고전에 대한 갈구를 이렇게 접근하고자 한다.

　'규장각 새로 읽는 우리 고전 총서'는 단순한 텍스트의 번역을 넘어 깊이 있는 학술 번역으로 나아가고자 한다. 필자의 개인적 역량에다 학계의 연구 성과를 더하여, 텍스트의 번역과 동시에 해당 주제를 통관하는 하나의 학술사, 혹은 문화사를 지향할 것이다. 이를 통하여 우리의 고전이 동아시아의 고전, 혹은 세계의 고전으로 발돋움할 수 있기를 기대한다.

　　　　　　　　　　　　　　기획위원을 대표하여 이종묵이 쓰다.

차례

해제: 한교의 생애 및 『연병지남』의 체재와 내용 11

거기보대오규식(車騎步隊伍規式) 35

거기보합조소절목(車騎步合操小節目) 69

거기보대조절목(車騎步大操節目) 101

전차제(戰車制) 175

참고문헌 183

찾아보기 189

그림 차례

그림 1   거영도(車營圖)(『기효신서』 수록)   43

그림 2   『원행을묘정리의궤』 반차도의 조총병   46

그림 3   일본의 조총병   47

그림 4   『융원필비』의 조총   49

그림 5   『무예제보』의 대봉   49

그림 6   『무예제보번역속집』의 도곤수   52

그림 7   『무예도보통지』의 등패 및 표창, 요도   54

그림 8   『무예제보』의 낭선   55

그림 9   『무예제보』의 당파   55

그림 10 『무예제보』의 장창   56

그림 11 『무예제보』의 장도   59

그림 12 『연병실기』의 마병대   63

그림 13 『무예도보통지』의 편곤   64

그림 14 『융원필비』의 마편곤   64

그림 15 『무예도보통지』의 보편곤보   65

그림 16 『무예도보통지』의 마상편곤   65

그림 17 『무예제보번역속집』의 청룡언월도   66

그림 18 『무예도보통지』의 마상월도   66

그림 19 『무예도보통지』의 쌍검 무예 동작   67

그림 20 『무예제보번역속집』의 구창   68

그림 21 『세종실록』「오례의」의 정(鉦)과 징[金]   73

그림 22 『속병장도설』의 고초기   77

그림 23 『기효신서』의 고초기   77

그림 24 『기효신서』의 화전   80

그림 25 『원행을묘정리의궤』 반차도의 나팔   88

그림 26 『속병장도설』의 순시기   89

그림 27 『병학지남』의 삼재진   93

그림 28 『병학지남』의 양의진   94

그림 29 『병학지남』의 원앙진   95

그림 30 『병학지남』의 「입교장열성항오도」   105

그림 31 『속병장도설』의 호포(삼안총)   107
그림 32 『속병장도설』의 좌독기   109
그림 33 『원행을묘정리의궤』 반차도의 독기   109
그림 34 『원행을묘정리의궤』 반차도의 뇌자(군뢰)   111
그림 35 『속병장도설』의 수자기   112
그림 36 『속병장도설』의 대열기   112
그림 37 『속병장도설』의 인기   115
그림 38 『원행을묘정리의궤』 반차도의 인기와 고수(鼓手) 및 초관   116
그림 39 『원행을묘정리의궤』 반차도의 청도기와 각종 깃발   117
그림 40 『속병장도설』의 청도기   118
그림 41 기영도(騎營圖)(『기효신서』 수록)   122
그림 42 『속병장도설』의 숙정패   127
그림 43 『기효신서』의 거마   130
그림 44 『속병장도설』의 당보기   133
그림 45 『무예도보통지』의 기창   133
그림 46 『병학지남』 권3의 「일대전신향후도」   135
그림 47 『융원필비』의 편전과 통아   138
그림 48 『화기도감의궤』의 쾌창   141
그림 49 『연병실기』의 쾌창   141
그림 50 『화기도감의궤』의 승자총통   142
그림 51 『기효신서』 권3의 호준포   144
그림 52 『속병장도설』의 신포   144
그림 53 『화기도감의궤』의 불랑기   146
그림 54 『기효신서』 권12의 불랑기   146
그림 55 『병학통』의 「양층살수구출오전도」   152
그림 56 『병학지남』의 「기계향전신수향후퇴회도」   154
그림 57 『병학지남』의 「오방기초선출입표도」   161
그림 58 『풍천유향』의 검차   180

한교의 생애 및 『연병지남(練兵指南)』의 체재와 내용

  이 책에서 다루고 있는 『연병지남』은 1612년 유학자이면서 유명한 병
학자(兵學者)였던 한교가 쓴 1책 36장의 군사훈련용 병서이다. 『연병지
남』의 존재에 대해서는 조선중기 군사사 분야를 중심으로 다소 알려져
있었지만 그 구체적인 내용과 저자 한교에 대해서는 2000년 이전까지
는 잘 알려져 있지 않았다. 『연병지남』의 기본적인 내용과 저자 한교의
생애 등은 2000년대 초 필자가 연구한 내용을 통해 알려졌고[1] 그 내용
은 최근 관련 연구에 점차 활용되기 시작하였다.[2] 『연병지남』은 단순히

---

1   노영구, 2001, 「韓嶠의 練兵指南과 戰車 활용 전법」, 『문헌과해석』 14, 문헌과해석
     사; 노영구, 2003, 「韓嶠」, 『63인의 역사학자가 쓴 한국사 인물열전』 2, 돌베개.
2   최형국, 2013, 『조선후기 기병전술과 마상무예』, 혜안.

16세기 후반 명나라 장수 척계광(戚繼光)이 쓴 전차 활용 전술을 담은 병서로서 조선에 도입된 『연병실기(練兵實紀)』의 내용을 소개한 것이 아니라 조선의 상황에 따른 상당한 변용이 이루어졌음이 연구를 통해 밝혀졌다. 아울러 『연병지남』의 전술을 구현하기 위한 무예를 교육시키기 위해 새로운 무예서인 『무예제보번역속집(武藝諸譜飜譯續集)』이 편찬된 사실도 밝혀졌다.[3]

지난 10여 년간의 연구에도 불구하고 『연병지남』의 구체적인 내용과 전술에 대해서는 아직 많이 알려지지 않았다.[4] 조선시대 병서 관련 연구는 역사학, 국어학, 서지학 등에서 약간 이루어졌지만 각 병서의 세부적인 내용에 대한 검토와 번역 등은 아직 충분하지 않다.[5] 병서에는

---

3   노영구, 2001, 「임진왜란 이후 戰法의 추이와 무예서의 간행」, 『韓國文化』 27.

4   조선시대 병서 등 군사 분야 문헌의 현황에 대해서는 김성수·김영일, 1993, 「한국 군사류 전적의 발전계보에 관한 서지적 연구」, 『서지학연구』 9; 노영구, 1998, 「조선시대 병서의 분류와 간행 추이」, 『역사와현실』 30; 정해은, 2004, 『한국 전통 병서의 이해』, 국방부 군사편찬연구소 등이 있다. 국어학 분야에서 검토된 병서 자료에 대해서는 『한글이 걸어온 길』(한글박물관, 2015)에 실린 정승혜의 글(「실용 지식을 한글로」)에 자세하다.

5   조선시대 병서 번역 성과로는 『兵學指南演義』, 『陣法』 등에 대한 한학자인 성백효 선생의 번역과 『兵學通』에 대한 필자의 번역(노영구, 2016, 『조선후기의 전술-『兵學通』을 중심으로』, 그물), 『연병지남』에 대한 국어학자 정호완의 번역 등이 대표적이다(정호완, 2012, 『역주 연병지남』, 세종대왕기념사업회). 최근까지 국방부 군사편찬연구소에서 이루어진 『演機新篇』, 『紀效新書』, 『神器祕訣』 등 일련의 병서 번역은 중요한 성과로 평가할 수 있다.

조선시대에 일반적으로 통용되던 용어가 아닌 군사학 전문 용어가 많이 수록되어 있어 당시의 군사적, 전술적 상황에 대한 이해가 부족할 경우 부적절하게 해석할 가능성이 크다. 따라서 병서의 이해를 위해 글자의 번역과 함께 문장의 의미를 충분히 드러내고 해독할 필요가 있다.

그럼 본서의 역주 및 해설의 대상인 『연병지남』에 대한 이해를 위해 이 책의 간행 배경과 저자 한교의 생애, 그리고 이 책의 체재와 주요 내용에 대해 살펴보도록 하겠다.[6]

---

6 이하의 내용은 『문헌과해석』 14에 실린 필자의 기존 논문을 바탕으로 수정 증보한 것임을 밝힌다.

1. 17세기 초 『연병지남』 간행 배경

16세기 말 일본의 조선 침략인 임진왜란을 전후하여 조선은 만주 일대에서 새로이 흥기하던 여진족의 위협에 직면하였다. 임진왜란 직전인 1589년까지 건주여진(建州女眞)의 주요 부족인 완안부, 혼하부 등을 정복해 건주여진을 통일한 누르하치는 점차 압록강 중류까지 진출하며 작은 왕국의 판도를 갖추었다. 임진왜란 중에도 세력을 확대한 누르하치는 1593년 말 장백산(長白山) 3부를 통합한 이후 두만강 유역으로 진출하여 1596년까지 두만강 일대의 여진족마저 통합하였다.[7] 이에 조선의 지배 아래 있던 두만강 유역 거주 여진족인 이른바 번호(藩胡)가 동요하는 등 북방 여진 세력에 대한 조선의 통제력은 급격히 상실되었다.

임진왜란이 마무리되자 건주여진은 더 적극적으로 군사활동을 펼쳐 요동의 해서여진과 야인여진의 여러 부족에 대한 공략을 본격화하여 광해군 초반에는 대부분의 여진 부족이 누르하치의 통제에 들어갔다. 조선에 대한 건주여진의 위협은 매우 심각해졌고 이에 여진 기병을 야전에서 효과적으로 방어할 수 있는 전술이 요구되었다.

광해군 초반기에는 여러 방어 전술이 대두되었는데, 대체로 몇 가지 방안으로 정리할 수 있다. 하나는 기병이 우세한 여진과의 평지에서의

---

7 천제션(홍순도 옮김), 2015, 『누르하치: 청 제국의 건설자』, 돌베개; 노영구, 2016, 「임진왜란 시기 류성룡의 북방 위협 인식과 대북방 국방정책」, 『서애 경세론의 현대적 조망』, 혜안, 122~133쪽 참조.

전투를 피하고 성을 축조하여 성 안에 각종 화포를 갖추고 대항하는 방법이다.[8] 17세기 전반 화기도감을 설치하여 각종 화기를 제작하고 북방에 관방 시설을 정비한 것은 이러한 전략에 따른 것이었다.[9] 또 다른 방안은 야지(野地)에서의 전투를 고려하여 기병의 돌격을 저지하는 데 유용한 전투용 수레인 전차(戰車)를 제작하고 이를 중심으로 한 새로운 전술로 대응하는 방법이다.[10] 17세기 초 전차 운용 전술을 적극적으로 제기하고 구체적 방안을 제시한 대표적인 인물이 바로 한교였다.

두 가지 상이한 방어 전략의 대두는 당시 각 정파 간의 국방 정책 차이에서 기인하는 면이 컸다. 내치(內治)를 중요시하고 국제정세에 대해 더 유연하게 대응하고자 한 북인 세력은 보다 수세적인 방어책인 축성 및 화포 제조 등에 주력하였다. 이에 비해 여진족에 대한 강경한 입장을 고수하던 서인 세력은 명나라와 협동으로 여진족에 대응하는 상황을 고려하고 있었으므로 만주 일대에서의 전투를 상정하지 않을 수 없었다. 이 경우 평지에서 싸우기에 적합한 방식으로 군대와 무기 체계를 고려하여야 한다. 전차와 기병(騎兵)을 중심으로 한 전술의 필요성은 여기서 나타나게 된다. 『연병지남』의 간행은 이러한 상황이 반영된 것이라고 할 수 있다. 물론 서인이 아니었던 한효순(韓孝純)도 이미 1603년

---

8   『광해군일기』 권7, 광해군 즉위년 8월 丁卯.

9   허태구, 2009, 「병자호란의 정치·군사사적 연구」, 서울대학교 박사학위논문, 55~58쪽.

10 『광해군일기』 권39, 광해군 3년 3월 乙巳.

(선조 36) 가을 여진족은 평원에서 돌진하는 것을 숭상하므로 전차가 없으면 이를 방어하기 어렵다고 주장하고 쌍륜(雙輪)과 독륜(獨輪)의 작고 가벼운 수레를 활용하여 전차, 포차(砲車), 노차(弩車)를 제작하고 호준포 등 각종 화기를 사격하는 전술을 제안하기도 하였다.[11]

　1612년(광해군 4)『연병지남』이 간행된 이듬해 계축옥사로 서인이 몰락하면서 전차 운용 전술은 조선의 주된 전술로 채택되지 못하고『연병지남』의 존재감도 급격히 약화되었다.『연병지남』에 대한 우리의 이해가 부족한 것도 이러한 상황 변화에 따른 것이다. 대신 조선은 다양한 화포 제작에 심혈을 기울이게 되는데, 1613년(광해군 5) 조총청(鳥銃廳)을 화기도감(火器都監)으로 확대 개편하고 호준포, 불랑기, 승자총통 등 다양한 화기가 제조된 것은 이러한 상황이 반영된 것이다. 이후 화기의 대량 제조와 함께 이를 운용하는 화기수(火器手)도 대폭 증원되었다.

---

11 『神器祕訣』「禦虜法」. 한효순의『신기비결』내용에 대해서는 한영우, 2016, 『나라에 사람이 있구나-월탄 한효순 이야기』, 지식산업사, 355~382쪽에 자세하다.

2. 저자 한교의 생애

『연병지남』의 저자 한교는 조선중기 병학자로서 매우 이색적이며 소중한 인물이다. 그는 비록 율곡 이이와 우계 성혼 문하의 성리학자였지만 임진왜란을 계기로 훈련도감에 들어가 『연병지남』 이외에 여러 종류의 새로운 병서를 편찬하여 조선후기 병학의 기초를 닦는 데 공헌을 한 인물로 주목할 필요가 있다. 한교의 자는 사앙(士昻)이고 호는 동담(東潭)으로 본관은 청주(淸州)이다. 조선초기 세조~성종대 유명 인물인 상당부원군 한명회(韓明澮)의 5세손으로 직장(直長)인 부친 수운(秀雲)과 모친 우봉(牛峯) 이씨(李氏) 사이에서 명종 11년(嘉靖 35)인 1556년 11월 30일(乙酉) 출생하였다. 그의 부친은 서얼 출신으로서 서얼의 후손이라는 혈연적 하자는 이후 한교의 삶에서 하나의 질곡이 되었지만 동시에 다른 성리학자보다 유연하게 여러 분야의 학문을 접할 수 있었던 원인이 되었을 것이다.

한교는 어려서부터 뛰어난 자질로 일찍부터 두각을 나타냈고 나이가 들어서는 율곡 이이와 우계 성혼에게서 성리학을 배웠다. 한교는 학문의 초기에는 이이의 문하에 있었지만 나중에는 성혼의 문하로 들어간다. 이이의 교우였던 성혼이 이이가 기발(氣發)만을 인정한 것에 반대하고 이황(李滉)이 이발(理發)을 주장한 것을 지지하여 이기일발론(理氣一發說)을 주장하며 이이와 1572년부터 6년 동안에 걸쳐 사단칠정(四端七情)에 대한 논쟁을 펼칠 때 한교는 성혼을 지지해 조헌(趙憲), 황신(黃愼), 이귀(李貴), 정엽(鄭曄) 등과 성혼의 문하가 되었다. 이에 따라 기존 성혼의 문인이었던 오윤겸(吳允謙), 최기남(崔起南), 안방준(安邦俊), 강항(姜沆) 등과 우계학파의 일원이 되었다. 한교가 이후 병서 간행과 관련하여 이귀, 최기남 등과 관계가 확인되는 것은 그의 학맥에 기원한다. 이이, 성혼의 문하에서 성리학에 대한 이해가 깊어지면서 자연스럽게 예학에 대한 이해도 높아진 것으로 보인다. 현존하지는 않지만 그가 『가례보주(家禮補註)』를 저술한 것은 이를 반영하고 있다. 이외에도 그는 『홍범연의(洪範衍義)』, 『사칠도설변의(四七圖說辨義)』, 『소학속편(小學續編)』, 『심의고(深衣考)』 등의 성리학 관련 저술을 남겼으나 불행히도 현재 전하지 않는다. 특히 『소학속편』은 그 내용은 전하지 않지만 『소학』에서 누락된 주자의 언행을 모아 정리한 것으로 이후 김장생이 증정(證訂)하기도 하였다.[12] 한교는 성리학 이외에 여러 분야의 책을 널리 섭렵하여 천문, 지리, 복서(卜筮), 병학 등의 학문도 두루 통달하였다.

임진왜란이 일어나자 한교는 향병(鄕兵)을 모아 일본군에 대항하여 여러 차례 전공을 세웠다. 그의 의병 활동에 대해서 그 구체적인 내용을 알 수는 없으나 그의 오랜 벗이었던 이귀가 의병을 모집하여 황정욱(黃廷彧)의 진중으로 가서 군사를 맡기고 다시 군사를 모집하여 이천(伊川)의 광해군 분조(分朝)로 가서 세자인 광해군을 도와 전공을 세운 사실을 통해 이귀와 함께 의병활동을 하였을 가능성이 높다.[13] 의병활동의 공으로 한교는 사재감 참봉에 제수되었고 이어서 봉사(奉事), 직장

---

12 『承政院日記』 제333책, 숙종 15년 2월 1일 己亥.

13 『遲川集』, 권18, 「延平府院君李貴行狀」.

(直長)을 역임하였다. 1593년 봄 일본군이 한성에서 물러날 당시 정승으로 전란 수습을 책임지고 있던 류성룡은 병서에 능통한 한교의 능력을 높이 평가하였고, 예빈시 주부(禮賓寺主簿)로 있던 한교는 신설 군영인 훈련도감 낭청(郎廳)에 임명되었다. 한교는 류성룡의 지시로『기효신서(紀效新書)』의 해석을 맡고, 이 연구를 바탕으로 신설된 훈련도감의 부서와 군사 훈련 체계도 정비한다. 아울러 선조의 명으로 살수(殺手)를 훈련시키기 위해『기효신서』의 내용 중 의문이 나는 것은 명나라 장사(將士)들에게 물어가면서 실전적인 무예서의 간행에도 착수하게 된다.

훈련도감이 본궤도에 오른 지 얼마 지나지 않아 한교는 연이어 부모상을 당한다. 그러나 당시 병사들을 훈련시킬 다양한 종류의 병서가 시급히 필요한 상황이었기에 한교가 3년간 복상(服喪)할 수 있는 처지가 아니었다. 선조는 훈련도감의 계청(啓請)으로 그를 기복(起復)시켜 병서 편찬 사업을 그대로 진행하게 하였다. 이런 과정을 거쳐 편찬된『기효신서절요(紀效新書節要)』,『무예제보(武藝諸譜)』,『조련도식(操鍊圖式)』은 그의 병서 연구의 결정판이다.『기효신서절요』와『조련도식』은 조선후기 가장 중요한 군사 교련서인『병학지남(兵學指南)』의 바탕이 되었다. 특히『무예제보』는 우리나라 최초의 무예 관련 서적으로 무예의 연속 동작을『기효신서』보다 더 상세히 서술하고 있다는 점에서 병서에 대한 그의 깊은 이해의 폭을 보여준다.『무예제보』는 이후 정조대 편찬된『무예도보통지(武藝圖譜通志)』의 원형이 된다는 점에서 매우 주목된다.

『기효신서절요』등 주요한 세 병서를 완성한 후 한교는 곧바로 경기도 광주 퇴촌(退村)으로 물러나 미처 행하지 못한 부모의 복상(服喪)을 마친다. 전란이라는 당시의 시급한 정세로 인해 부모의 상을 제때에 행하지 못한 것은 이후 서얼의 자식이라는 그의 출신상의 하자와 함께 성리학자로서 그에 대한 비판의 주요 근거로 활용되기도 하였다. 복상을 마치고 북부 주부(北部主簿)에 제수된 지 얼마 되지 않은 1600년(선조 33) 6월 중전 박씨[懿仁王后]가 사망하자 선조가 입어야 할 상복(喪服)을 놓고 대신들 간에 논쟁이 있었다. 이에 예학에 정통하였던 한교는 조정에 호출되었는데, 이때 선조의 상복은 장기(杖碁)가 적당하다고 주장한 것이 영의정 이항복(李恒福)에 의해 채택되기도 하였다. 그해 가을에는 군자감 판관에 제수되었으나 대간(臺諫)의 이의 제기로 임명되지 못하였다. 뒤에 훈련도감 교훈관(敎訓官), 도체부 조련관(都體府操鍊官) 등에 임명되어 약 10년 동안 변경 지역인 서북 지방을 출입하게 된다.

임진왜란 이후 한교는 당시 새로이 대두하고 있던 북방의 여진족을 효과적으로 제압하기 위해서는 새로운 병법의 개발이 시급하다고 주장하였다. 그는 척계광의 또 다른 병서인 『연병실기(鍊兵實紀)』에 제시된 전차 이용 전법에 주목하였다. 화포를 장착한 전차를 진지의 외곽에 배치하고 그 속에 기병과 보병을 대기시켰다가 화포 사격으로 적의 기병이 약해지면 기병과 보병을 출격시켜 적을 공격하는 이 새로운 전법을 조선군에 적용할 것을 그는 적극 주장하였다. 실제 그는 전차를 만들어 평안도에서 시험하기도 하였으며 이 전법을 훈련시키기 위해 1612년(광해군 4)에 『연병지남』을 편찬하였다. 그러나 산악이 많은 조선에 전차를 운용하기 적합하지 않다는 반대 의견으로 인해 『연병지남』의 전법은 결국 채택되지 못하였다. 곧이어 일어난 계축옥사로 인해 서인이었던 한교는 과거 시험에 아버지 이름을 허위로 기재하였다는 누명을 쓰고 순천(順天)으로 귀양을 가서 2년여를 보내게 된다. 이는 실제 그가 병법에 매우 능한 서인으로 대북 세력에 대해 위험스러운 인물이었으므로 사전에 조치한 측면이 있었다. 1615년(광해군 7)에 사면되어 도체부 조련관, 도원수 참모관 등에 제수되었다. 이후 곡산부사를 마친 이후 벼슬길에서 물러나 아차산(峨嵯山) 아래 광나루에 은거하며 지낸다. 이 기간 동안 이이첨(李爾瞻) 등이 주도한 인목대비 폐모 모의를 좌절시키는 데 이귀와 함께 일조하기도 하였다.

1623년 3월 인조반정 당시 한교는 이귀, 최명길 등과 함께 주도적으로 참여하여 장악원 첨정(掌樂院僉正)에 제수되고 4월에는 곡산군수에 임명되었다. 그해 겨울인 10월에는 인조반정의 공로로 정사공신(靖社功臣) 3등 서원군(西原君)에 봉해지고 통정대부로 품계가 오른다. 이듬해인 1624년(인조 2) 정월에 일어난 이괄(李适)의 난 당시 그는 어영사(御營使) 이귀의 부장(副將)으로 출전하여 임진강 방어를 담당하였으나 저지하는 데 실패하고 백의종군한다. 그러나 곧이어 반란군에 의해 국왕으로 옹립되었던 흥안군 제(興安君瑅)를 잡은 공로를 인정받아 복직되었다.

1625년(인조 3) 11월 한교는 고성군수(高城郡守)에 제수되었으나 이듬해 파직되어 돌아온 이후 광나루 근처에 집을 짓고 두문불출하면서 병을 핑계로 관직에 나가지 않았다. 병이 깊어지자 그는 서북 지방에 후금의 침입에 미리 대비할 것을 주장한 상소를 올렸지만 채택되지 않았다. 상소를 올린 지 얼마 지나지 않은 1627년(인조 5) 정월 12일 향년 72세로 사망하였다. 그의 사후 자헌대부 호조판서 겸지의금부사 청성군

(淸城君)으로 추증되었다. 그가 사망한 지 수일이 지나지 않아 정묘호란이 일어나자 사람들은 그의 선견지명에 탄복하였다고 한다. 호란의 발발로 인해 장례를 제대로 지내지 못하다가 인조가 강도(江都)에서 도성으로 돌아온 그해 5월 8일(癸酉) 관리를 보내고 예를 갖추어 여주 천령현(川寧縣)에 장사를 치렀다.

한교의 저술 중 병서를 제외하고는 그의 사후 얼마 지나지 않아 대부분 흩어져 없어지고 서명만 전하고 있다. 이는 그가 서얼의 자식이라는 출신상의 하자와 함께 성리학자이면서도 여러 학문 분야를 배척하지 않고 경제(經濟)에 관한 것을 세상의 급박한 것으로 생각하였던 그의 포용적 학문 태도로 인해 성리학에 관한 그의 저서가 다른 사람들에게 배척을 당한 것에서 기인한 것이었다. 그의 문집인 『동담집』도 사후 간행되어 조선 말기에 편찬된 『증보문헌비고(增補文獻備考)』 권249, 「예문고(藝文考)」 8에 그 책명이 기록되어 있는 것으로 보아 20세기 초반까지 상당히 남아 있었던 것으로 보인다. 그러나 현재 주요 대학 도서관 등에 『동담집』의 소장 여부가 확인되지 않아 성리학 등 그의 생애와 사상의 진면목을 온전히 파악하기 어려워 안타까울 따름이다.

3. 『연병지남』의 체재와 내용

『연병지남』은 권의 구분 없이 1책으로 되어 있으며 한문으로 내용을 서술하고 이어서 언해(諺解)를 하는 체재를 취하고 있다. 항목은 크게 네 부분으로 나눌 수 있는데 「거기보대오규식(車騎步隊伍規式)」, 「거기보합조소절목(車騎步合操小節目)」, 「거기보대조절목(車騎步大操節目)」, 「전차제(戰車制)」로 이루어져 있다. 「거기보대오규식」은 단위 거(車) 부대를 지휘하는 거정(車正)의 역할, 총수(銃手), 살수(殺手), 궁수(弓手), 마병(馬兵) 각 12명씩으로 이루어진 대(隊)의 편성과 함께 대오를 편성할 때 전차(戰車)를 중심으로 하여 병사들이 서는 위치 및 개괄적인 행동 요령 등을 기술하고 있다. 특히 주목되는 것은 궁수대(弓手隊)의 편성으로 이는 이 책의 집필에 주요한 참고가 된 『연병실기(鍊兵實紀)』에는 나오지 않는 것이었다. 궁수대는 조선의 전통적 장기인 궁시를 운용하는 편제로서 임진왜란 시기 설치된 훈련도감의 사수, 살수, 포수 등 이른바 삼수병 체제를 고려하면서 이 책이 저술되었음을 알 수 있다. 참고로 여기서 전차 부대와 유기적으로 조직된 마병의 개괄적인 행동 요령을 살펴보겠다.

> 마병 한 대(隊)는 적군이 멀리 있으면 말에서 내려 삼혈총을 쏘거나 혹은 화살을 쏜다. 적군이 가까이 오면 말에 올라 좌익과 우익으로 나뉘어서 원앙진 대형으로 달려 나간다. 편곤을 쓰기도 하고 장도를 쓰기도 하고 언월도를 쓰기도 하고 쌍도를 쓰기도 하고 구쟁을 쓰기

도 하면서 소리 지르면 싸운다. 또한 간혹 말 위에서 삼혈총을 연달아 쏘기도 한다. 양의진과 삼재진은 때에 따라 모이기도 변하기도 한다.

馬兵一隊 賊遠下馬 放三穴銃 或射矢矣 賊近上馬 分爲左右翼 以鴛鴦馳出 或用鞭棍 或用長刀 或用偃月刀 或用雙刀 或用鉤鎗 吶喊作戰 亦或馬上輪放三穴銃 兩儀三才 臨時合變

　　위 인용에서 몇 가지 흥미로운 것을 확인할 수 있는데, 먼저 삼혈총(三穴銃, 일명 三眼銃)의 비중이 대단히 높은 것을 알 수 있다. 즉 18세기 조선의 전술을 보여주는 병서인 『병학통(兵學通)』에는 기병의 무장으로 궁시와 편곤(鞭棍)이 중심이 되었던 것에 비해,[14] 『연병지남』에서는 궁시 대신 삼혈총이 대단히 중시되고 있고, 단병기로는 편곤 이외에 장도(長刀), 쌍도(雙刀), 언월도(偃月刀) 등이 함께 사용되고 있다. 경우에 따라서 근접전을 하지 않고 삼혈총만을 사격하기도 하였다. 이는 16세기 이전 유럽에서 기병들이 근접전을 피하고 여러 자루의 피스톨을 가지고 적진 근처를 선회하면서 연달아 피스톨을 사격하던 회전선회전술(caracole) 체계와 유사한 모습이다. 이는 아직 적군이 화약무기를 대량으로 사용하지 않는 단계에서 사용하는 전술 체계이다. 다음으로 편곤, 장도, 구창, 언월도 등 새로운 단병기가 제시되고 있다. 장도를 제외하

14　노영구, 2000, 「병학통에 나타난 기병 전술」 『정조대의 예술과 과학』 184쪽. 『병학통』의 전술에 대해서는 노영구, 2016, 앞의 책 참조.

고 나머지 근접 무기는 16세기 말 조선에 소개된 『기효신서』의 살수대에는 장비되지 않은 무기로서 조선에 새로이 소개된 것이었다. 이 근접 무기에 대한 교습의 필요성에서 1610년(광해군 2) 『무예제보번역속집』이 한교의 동학인 최기남의 발문을 붙여 간행되었다.

「거기보대오규식」이 주로 각 병종별 대(隊)의 편성과 전투 시의 구체적인 전투행동 등을 기록한 것이라면, 「거기보합조소절목」은 각 병종별 대(隊)들이 전차를 중심으로 통합되어 배치되어 전투를 하는 요령을 기술하고 있다. 여기서는 적군이 나타난 이후 전투 요령을 살펴보도록 하겠다.

> 적군이 모습을 나타내면 당보군이 황색기를 흔들어 경보를 알린다. 호포를 한 번 쏘고 발라를 불면 각 병사들이 일어나되 마병은 말을 타고 보병은 무기를 잡는다. 적군이 100보 안에 이르면 호포를 한 번 쏘고 붉은 고초기를 병사들 5보 앞에다 세우고, 단파개 나팔[15]을 불면 포수들이 함께 나오며 일렬로 늘어선다. 천아성 나팔 불기를 마치면 일제히 사격을 하며, 요령을 흔들어 대오를 거둔다. 이어서 신기전(=기화) 한 자루를 쏘고 천아성 나팔을 불면 파수(鈀手)는 화전

---

15 북을 천천히 치며 나팔을 부는 것을 파대오(擺隊伍)라고 하는데, 이는 대대(大隊)를 진열하라는 신호이며, 대대를 진열한 다음 또다시 긴 소리로 부는 것을 단파개(單擺開)라 하는데, 이는 소대나 또는 1열로 진열하라는 신호이다(『병학지남연의』 1, 국방군사연구소, 191–192쪽).

을 쏘고 전차의 대포도 함께 쏜다. 적군이 50보 안에 도달하면 추인(芻人: 허수아비)을 벌려 단단히 세워서 좌우로 둘러친다. 그리고 남색 고초기를 병사들 5보 앞에 세우고 단파개 나팔을 불면 궁수들이 일제히 나와 일렬로 늘어선다. 천아성 나팔 부는 것을 그치면 일제히 화살을 추인에게 쏘고 요령을 흔들어 대오를 거둔다. 그리고 추인을 거두고 화살을 줍니다. 적군이 전진하여 전차 앞에 도달하면 호포를 한번 쏘고 북을 느리게 치면서[點鼓] 파랗고 붉고 흰 큰 기를 세 방향으로 가리킨다(點[16]). 그러면 전차 기병 보병의 세 장수들이 모두 깃발에 응하고 북을 우레와 같이 울리고[擂鼓] 천아성 나팔을 불면, 거병은 전차를 밀고 보병은 전차에 붙는다. 뒤에 있는 기병들은 좌익과 우익으로 나뉘어 원앙진을 만들며 달려 나간다. 북을 우레와 같이 울리고 천아성 나팔을 끊임없이 계속하여 불어대며 함성을 지르며 나아가 싸운다. 앞쪽 복병이 있는 가운데에 이르러 급히 순시기를 흔들면 앞쪽 복병이 옆에서 돌격하여 싸우니 적군이 패배한다.

賊現形 塘報 搖黃旗 報警 擧號砲一聲 吹哱囉 各兵起立 馬兵上馬 步兵執器械 賊至百步之內 號砲一聲 立紅招於兵前五步 吹單擺開 砲手齊出單列 吹天鵝聲畢 齊放 捽鈸收隊 放起火一枝 吹天鵝聲 鈀手 放火箭 及車中大砲齊放 賊到五十步之內 列堅芻人 左右屏 立藍招於兵前五步 吹單擺開 弓手齊出 單列 吹天鵝聲畢 齊射芻人 捽鈸收隊 徹

---

16 깃발을 아래로 내렸다가 다시 올려 앞을 가리키는 것을 점(點)이라고 하는데 이는 가리키는 방향에 따라 가라는 신호이다(『병학지남연의』 1, 국방군사연구소, 194쪽).

> 箚人拾箭 賊進至車前 擧號砲一聲 點鼓 點藍紅白大旗三面 車騎步三
> 將 皆應旗 撾鼓 吹天鵝聲 車兵推車 步兵附車 而在後騎兵 分爲左右
> 翼 以鴛鴦馳出 撾鼓天鵝聲 連連不絶 吶喊進戰 至於前伏之內 急撑
> 巡視旗 前伏之兵 橫突作戰 賊敗

　　적군이 일단 물러난 이후에 다시 전열을 정비하여 공격하면 거짓으로 물러나 유인하여 공격하는 방법 등이 기록되어 있다. 위의 인용 자료를 통해 보병과 기병, 그리고 거병으로 편성된 소규모 단위 부대의 전투 시 행동 요령을 잘 알 수 있다. 적군이 100보, 약 120미터 정도에 도달하면 조총(鳥銃)－화전(火箭)·대포(大砲)－궁시(弓矢)의 순으로 차례로 발사한 후 전차를 중심으로 모여 적의 공격을 막고 아울러 안에 있는 기병이 마주쳐 좌우익으로 나누어 달려 나가는 전술을 구사하고 있는 모습은 대단히 인상적이다. 다만 진법의 면에서는 그다지 발달된 면이 보이지 않는다. 즉 보병의 경우 삼재진, 원앙진, 양의진 등 『기효신서』에 나와 있는 3가지 종류에 불과하고 마병도 보병의 진형을 참조하도록 하고 있기 때문이다.[17]

　　「거기보대조절목」은 대 단위의 소규모 부대 훈련을 익힌 이후 부대를 모아 합동 훈련을 하는 절차를 설명하고 있다. 그리고 전투하는 모습도 위의 「거기보합조소절목」에서 인용하였던 내용이 보다 상세히 나오

17　步兵三才兩儀鴛鴦之練 一從新書圖式 馬兵馳逐之習 亦照步兵(『연병지남』 10면) 이에 비
　　해 『兵學通』에는 馬兵蜂屯陣, 馬兵鶴翼陣 등의 진형이 소개되어 있다.

고 있는 점에서 차이가 있을 따름이다. 예를 들어 적군, 특히 적의 기병이 우리 측의 조총 등의 사격을 무릅쓰고 가까이 접근해 왔을 때 적 기병을 제압하기 위한 각 병사들의 동작을 설명한 다음의 언급은 구체적인 전투 양상을 잘 보여준다.

> 적군이 전진하여 전차 앞에 도달하면 호포를 한 번 쏘고 북을 느리게 치면서[點鼓] 파랗고 붉고 흰 큰 기를 세 방향으로 가리킨다(點). 이에 전차 기병 보병의 세 장수들이 모두 인기(認旗)로서 위에 응하며 아래에 명하고 북을 우레와 같이 울리고(擂鼓) 천아성 나팔을 분다. 그러면 포차(砲車)는 머물러 서고 전차병은 소리를 지르며 전차를 밀며 보병들은 소리를 지르며 나아가 싸우는데, 낭선수는 말을 막고 적군의 창을 가로 막으며, 방패수는 칼을 가지고 말의 발을 베고, 도곤수는 말의 머리를 때리거나 말의 배를 찌르고, 파수는 위로는 적군의 목을 찌르고 아래로는 말의 눈을 찌른다. 쾌창[18]은 자루를 뒤집어 곤과 같이 사용한다. 화병은 거마작을 지니고 두 전차 사이에 있으면서 전차에 따라 앞으로 뒤로 움직이되 각 병사는 자신의 역할을 한다. 그러면 후진에 있던 마병은 좌익과 우익으로 나뉘어 나와 옆에서 공격하되 우레와 같이 북을 치고 천아성 나팔을 불며 소리치기

---

18 쾌창(快鎗)은 원래 중국에서는 곤봉의 앞에 화약발사식 화총을 붙인 개인용 화기의 일종으로 신쟁(神鎗)이라 하기도 하였다(『연병실기잡집』 권5). 이를 『연병지남』 언해에서는 조선에서 이와 유사한 무기인 '승자총통(勝字銃筒)'으로 풀이하고 있다.

를 그치지 않는다.

> 賊進至車前 擧號砲一聲 點鼓 點藍紅白大旗三面 車騎步三將 皆以認
> 旗 應上令下 擂鼓 吹天鵝聲 砲車住箚 戰車之兵 吶喊推車 步兵吶喊
> 出戰 筅手 拒馬架鎗 牌手 持刀斫馬足 刀棍手 打馬頭 或刺馬腹 鈀手
> 上戳賊候 下戳馬眼 快鎗 倒柄 與棍同用 火兵持拒馬柞 在兩車之間
> 隨車進退 各照責任 後陣馬兵 爲左右翼 分出傍攻 擂鼓天鵝聲 吶喊
> 不絕(『연병지남』 25면)

이어서 전진하여 우리 앞 복병이 있는 곳에 이르게 되면 복병이 옆에
서 돌격하여 적을 패퇴시키게 한다. 이 자료에서는 「거기보합조소절목」
에 나오는 내용보다 각 병사의 역할과 동작이 더 구체적으로 보이는데,
적 기병을 여러 보병들이 합심하여 저지하는 상황이 잘 드러나 있다.
또한 기병의 움직임도 상당히 구체적이다.

이상에서 보듯이 『연병지남』은 전차를 중심으로 하여 보병과 기병의
삼병을 효과적으로 운용할 수 있는 전술 체계를 가지고 있음을 볼 수
있다. 다만 전차의 움직임이 보다 공격적이지 않은 양상은 이후의 전차
운용론과는 차이를 보인다. 이는 전차를 중심에 놓고 적극적으로 공격
과 방어를 하도록 한 『풍천유향』, 『악기도설』 등 조선후기 병서의 내용
과는 다소 차이가 있다. 이는 『연병실기』의 전차 운용론에서 전차 내에
서 각종 화기를 사격하는 것을 중시한 전술의 영향에 따른 것으로 보
인다.

다소 소극적인 전차 운용 전술의 채택은 『연병지남』에서 제시하는 전

차의 구조면에서도 잘 나타나는데, 이 책의 마지막 부분인 「전차제(戰車制)」에 나타난 전차의 구조를 살펴보도록 하자.

두 바퀴 밖과 횡축의 위에 각각 한 기둥을 세우고 두 기둥의 상단은 예리하게 깎아 예(枘)(구멍을 끼우기 위해 가늘게 만든 부분)를 만든다. 그리고 한 횡목의 양단에 구멍을 뚫어 그 예(枘)에 끼워서 길게 기둥 밖으로 내어 놓아 두 기둥이 가운데 있도록 한다. 가까운 아래쪽에 서로 마주하여 구멍을 뚫고 한 횡목의 양단을 예리하게 깎아 예를 만들어 구멍에 끼운다. 횡목의 위아래에는 모두 판을 사용하여 가리는데 판목의 두께는 한 치 정도로 반드시 단단한 나무를 사용한다. 횡목에는 여섯 개의 구멍을 뚫는데 칼과 창[釰鎗]의 예(枘)로써 앞에서 뚫어 넣어 수레에 묶는다. 뒤쪽 횡목에도 아래 층 판자에 세 구멍을 뚫어 총과 포를 거치하고, 두 기둥의 뒤에는 구멍을 뚫어 원목을 설치하되 높이는 바퀴와 같이 하고 원목의 두 끝에도 횡강을 덧대어 길게 원목 바깥으로 나오게 하여 이것으로 수레를 밀게 한다. 두 원목의 가운데에도 횡강을 더하여 일쟁의 자루를 묶을 수 있도록 한다. 두 기둥의 아래 끝과 두 원목의 가운데 아래 면에는 모두 한 구멍을 뚫어 버팀목을 덧붙인다. 수레의 높이와 너비는 반드시 수레 뒤쪽에 있는 병사를 보호할 수 있도록 기준을 삼고 창 구멍의 높이도 오랑캐의 말을 막을 수 있는 정도를 기준으로 삼는다. 그리고 두 기둥의 곁에는 각각 하나씩 작은 문[扉]을 다는데 이는 열거나 닫아 곁에서 싸우는 군사들을 보호하도록 하기 위한 것이니, 진을 벌릴 때에

는 문(門)을 더하고 날개를 넓혀 적군의 총과 화살을 막으며, 혈전을
벌일 때에는 문을 빼내고 날개를 접어 싸우는 군사들이 출입하는데
편리하도록 한다. 병사의 수효는 위에 나타나 있고 포차(砲車)의 제도
에 대해서는 『연병실기』에 보이지만 간혹 이[車]를 모방하여 만들어
도 괜찮다.

兩輪之外 橫軸之上 各立一柱 兩柱上端 尖削作柄 用一橫木 鑿竅兩
端 加於其柄 長出柱外 兩柱居中 近下相對鑿竅 用一橫木 尖削兩端
作柄入竅 橫木上下 皆用板遮障 板厚寸許 必用堅木 而就橫木 鑿六
穴 卽以釰鎗之柄 由前穿入 縛於車 後橫木 又鑿三穴於下層板子- 以
安銃砲 而兩柱之後 鑿穴施轅 高與輪齊 兩轅之端 又加橫杠 長出轅
外 以之推車 兩轅中間 又加橫杠 以備結縛釰鎗之柄 兩柱下端 及兩
轅 居中下面 皆鑿一竅 以加撑木 車之高廣 必以能衛車後之兵爲准 鎗
穴高下 亦以能禦胡馬爲准 而兩柱之傍 各設一扇 所以或或闔 衛護夾
戰之軍也 當其列陣 則加門張翼 以防敵人銃矢 及其血戰 則抽門斂翼
以便戰士出入 兵數見上 砲車制 見實紀 或倣此製造 亦可

　여기서 전차는 적의 공격을 막을 방패를 좌우에 둘러치고 창을 설치
하고 진을 벌릴 때에는 전차에 문을 펼쳐 방패로 삼는 구조를 가지고
있음을 알 수 있다. 그러나 전차를 이용하여 과감한 돌진을 하거나 전
차를 이동하면서 화포를 쏘는 공격 방법은 없는 것으로 보아 아직 전차
이용 전법은 다소 피동적인 면을 띤다. 이는 이후 기술적인 진보와 전
술의 발달에 따라 극복될 수 있는 문제일 것이다.

『연병지남』의 자료적 가치

『연병지남』은 임진왜란 이후 명나라에서 도입된『연병실기』의 전차 중심 전술을 검토하여 조선의 상황에 적합하도록 정리한 최초의 교범 으로 이후 관련 전술 개발의 기초 자료 역할을 하였다. 또한 임진왜란 동안『기효신서』도입으로 보병 일색의 전술에 치중하던 것에 더하여 기병을 동시에 활용하는 전술이 소개되어 있어 18세기 후반 정조대『병 학통(兵學通)』이 완성되기 전까지 기병 전술 개발에도 적지 않은 도움을 주었다. 따라서 조선후기 기병과 보병, 거병(車兵) 등을 통합하는 전술 의 선구적인 역할을 한 것으로 볼 수 있다.

전술적인 측면과 함께 17세기 북방 여진의 위협을 받고 있던 조선의 전술적 모색을 보여주는 자료로서의 의미 또한 적지 않다. 그동안 조선 후기의 전술에 대해 군영에서 훈련에 사용되던『병학지남』이나『병학통』 을 중심으로 검토가 이루어진 경우가 대부분이고 나머지 병서에 대한 검토는 충분하지 않은 것이 사실이다.『연병지남』의 검토를 통해 17세기 초반 북방 여진에 대한 조선의 군사적 대응양상을 알 수 있다는 점에서 『연병지남』은 구체적이고 미시적인 군사사 연구에 많은 도움을 줄 것으 로 기대된다. 전차는 산이 많은 조선의 지형적인 특성으로 인해 채택하 는 것을 주저하는 경우가 적지 않았지만 포수를 중심으로 사수, 살수, 마병 등을 통합하고자 하는 시도는 계속되었다. 이는 병자호란 직전인 1634년(인조 12) 훈련도감에 마병이 200명에서 500명으로 확대되고 이를 통합한 전술을 모색한 것을 통해 확인할 수 있다.[19] 따라서『연병지남』의 군사사적인 의미는 상당하였음을 짐작할 수 있다. 부차적으로는 이 책은 언해가 붙어 있어 17세기 전반기 중요한 국어학 자료로서도 의미가 크다.[20]

2017년 5월 20일

역해자 노영구

---

19 노영구, 2012「조선−청 전쟁과 군사제도의 정비」, 『한국군사사』7, 경인문화사, 338~344쪽.

20 『연병지남』의 간행에 대한 기록으로 책 끝에 萬曆四十年七月上浣 體府標下西北敎鍊官 副司果 韓嶠書于咸山之豊沛館이 있어 일부에서는 이 책의 언해가 함경도 지방의 표기법을 일부 반영하고 있는 것이 아닌가 하는 의견이 있다. 그러나 이 책은 한교가 도체찰사 이항복의 승인 하에 함경도에서 전차를 만들면서 기술한 것으로 (『광해군일기』 권57, 광해군 4년 9월 기유), 언해와 책의 간행이 함경도에서 반드시 이루어진 것은 아니므로 함경도 표기법을 가진 것으로 보는 것은 무리이다.

거기보대오규식
(車騎步隊伍規式)

「거기보대오규식」은 전차, 기병, 보병 등 세 병종의 하위
단위인 대의 군사 편성과 각 병종들의 전투 시 역할 및 동
작에 대한 내용을 담고 있다.

「거기보대오규식」은『연병지남』의 본문을 이루는 네 부분 중에서 첫 번째 장에 해당하는 것으로서, 전차 혹은 전거(戰車), 기병(騎兵), 보병(步兵) 등 세 병종의 가장 작은 편성 단위인 한 '대(隊)'의 구체적인 군사 구성과 여러 병종 군사들의 전투 시 구체적인 역할 및 동작 등에 대한 내용을 담고 있다. 아울러 한 기(旗), 즉 3개 대(隊) 또는 대가 하나의 '거(車)'를 편성할 때의 구성 및 전투방식을 보여준다.

전차를 운용하는 전술이 조선에 최초로 소개된 것은 임진왜란 중 명나라의 장수 척계광(戚繼光)이 16세기 후반에 편찬한 병서인『연병실기(練兵實紀)』가 도입되면서부터였다.『연병실기』는 명나라의 주요 군사적 위협이었던 몽골 등 북방의 기병에 대항하고자 전차를 중심으로 하여 보병과 기병을 동시에 운용하는 전술을 수록한 병서이다. 조선 이전에도 당나라 시대 이정(李靖)이 편찬한 병서인 『이위공문대(李衛公問對)』 등을 통해 전차를 활용하는 전술이 우리에게 알려져 있었고, 조선 초기에는 전차를 제작하여 여진에 대응하자는 주장도 있었지만 조선은 중국과 달리 산천(山川)이 험준하고 도로가 좁아 전차를 사용하기 어렵다는 이유로 채택되지는 못하였다.[1] 전차와 기병, 보병을 각각 편성하고, 다양하고 새로운 무기 체계를 채택하며 여러 병종을 통합하여 운용하는 전술을 고안한 것은 척계광의 『연병실기』가 본격적인 병서라고 할 수 있다. 『연병실기』에는 전차, 기병 등을 이용하는 전술을 보여주는 거영(車營), 기영(騎營)과 같은 진법을 보여주는 진도(陣圖)도 함께 수록되어 있어 관련 전술을 이해하는 데 매우 유용하다.

『연병실기』를 저술한 척계광은 또 다른 병서인 『기효신서(紀效新書)』를 저술하여 중국 남방의 왜구를 격퇴한 것으로 널리 알려진 명나라 중기의 무장이다.[2] 척계광은 자는 원경(元敬)으로 1528년 산동성에서 태어났다. 그는 16세기 중반 중국의 최대 군사적 위협 중의 하나였던 남방의 왜구에 대응하기 위해 이전과 완전히 다른 전술을 고안하게 된다. 무덥고 습지가 많은 중국 남방의 기후적, 지리적인 특징과 장도(長刀)나 장창을 지닌 보병의 근접전 능력이 우수한 왜구에 대응하기 위해 척계광은 새로운 전술을 담은 병서인 『기효신서』를 편찬하게 되는데, 이 책에서 그는 새로운 체제인 보병 중심의 전술 체계를 채택하였다. 이것

---

1 宇田川武久, 1993, 『東アジア兵器交流史の研究』, 吉川弘文館, pp.100-108.

2 척계광의 생애에 대해서는 『무예도보통지』 卷首 「戚茅事實」 등 참조.

이 바로 유명한 절강병법(浙江兵法)이다. 절강병법에서는 다양한 근접전 무기, 즉 단병기(短兵器, 혹은 短兵)를 지닌 보병이 중심이 되어 왜구와 근접전을 수행하도록 하고, 조총(鳥銃)과 호준포(虎蹲砲), 화전(火箭) 등 가벼운 화기를 대량으로 장비하여 일본군이 장비한 조총 등의 화기를 제압하도록 하였다.

절강병법에서는 군사 편제[分數]도 이전과는 매우 다른 양상을 보여준다. 『기효신서』에 따르면 하나의 영(營)은 다섯 개의 사(司)로 구성되며, 사는 다섯 개의 초(哨), 초는 세 개의 기(旗), 기는 세 개의 대(隊)로 구성되었다. 하나의 대는 지휘자인 대장(隊長) 1명과 취사 등의 잡일을 맡는 화병(火兵) 1명, 그리고 전투하는 군사 10명 등 모두 12명으로 구성된다. 한 대는 전투 시 필요할 경우에는 두 개의 오(伍)로 나누어 전투하기도 하지만 오는 기본 군사 편성 단위는 아니고 전투의 단위 중 하나라고 할 수 있다. 하나의 사(司)는 창검을 든 근접전 군사, 이른바 살수(殺手)로 이루어진 4개 초(哨)와 조총병으로 이루어진 1개 초 등 5개 초로 구성하였다. 살수 1대(隊)는 대장과 화병을 제외하고 등패수(籐牌手) 2명, 낭선수(狼筅手) 2명, 장창수(長槍手) 4명, 그리고 당파수(鐺鈀手) 2명으로 구성되었다. 조총수 1대는 대장과 화병 이외에 전투병 10명 모두 조총으로 무장하였다.

절강병법을 고안한 척계광은 이 전술에 따라 훈련시킨 군사를 거느리고 절강성의 여러 지역의 전투에서 왜구를 격퇴하였다. 이 전공으로 1563년 말 복건총병관(福建總兵官)으로 승진하여 복건성 일대의 왜구 소탕을 담당하였다. 1567년에는 장거정(張居正)의 천거로 북방인 북경

이북의 방어를 책임진 총리계주창평요동보정연병사무(總理薊州昌平遼東保定練兵事務)라는 직책에 임명되었다. 척계광은 북방족과의 전투에서도 큰 공을 세웠는데, 이 전투 경험을 정리해 『연병실기』를 편찬하였다. 『기효신서』의 군사편제 방식은 척계광이 이후 편찬한 『연병실기』에 많은 영향을 미쳤지만 세부적인 편성이나 전술 체계 등은 많은 차이가 있다. 『연병실기』는 기본적으로 전차, 기병, 보병을 통합하여 운용하는 전술을 채택하고 있으므로 그 구체적인 편성체제는 상당히 다르다.

예를 들어 보병 살수대의 경우만을 보면 『연병실기』에서는 각 대마다 지휘자인 대총(隊總) 뒤에 조총과 쌍수장도(雙手長刀)를 가진 오장(伍長) 2명을 두고, 이어서 장병쾌창수(長柄快鎗手) 2명, 그 뒤에 등패수 2명, 그리고 화전을 장비한 당파수 2명을 배치하였다.[3] 이를 보면 절강병법에 비해 『연병실기』에서는 살수에도 조총을 가진 2명의 오장을 두고 당파수에게 화전을 장비하게 하여 화력을 보강하고 있음을 알 수 있다. 『기효신서』에는 없는 기병대의 경우에는 대장과 화병 이외에 조총수, 쾌창수(快鎗手), 당파수, 도곤수(刀棍手), 대봉수(大棒手) 각 2명으로 구성되어 있다. 이제 『연병지남』의 내용으로 본격적으로 들어가보자.

3　以有力伶俐者二名 爲一伍長二伍長 充鳥銃手 以鳥銃爲長兵 仍習雙手刀爲短兵 以有力伶俐者二名 爲第三第四 充快鎗手 各執長柄快鎗爲短兵 近用柄大棍爲長兵 以有殺氣能射者二名 爲第七第八 充刀棍手 以刀棍爲短兵 以射爲長兵 以有力習射者二名 爲第九第十 充大棒手 以大棒爲短兵 弓矢爲長兵 以庸碌可役者一名 爲第十一名 充火兵(『練兵實紀』 권1, 練伍法「步兵」).

거정(車正) 한 사람은 한 수레(車=戰車)의 나아가고 물러서는 호령(號令)을 오로지 담당하는데 한 기(旗)가 한 수레로 편성되어 있으면 기총(旗總)이 거정이 되고, 한 대(隊)가 한 수레로 편성되어 있으면 대총(隊總)이 거정이 된다.

車正一人 專掌一車進退號令 一旗一車 則旗總爲車正 一隊一車 則隊總爲車正

이 절에서 거정(車正)은 전차와 이에 소속된 군사의 지휘관으로서, 전차 1량과 군사 36명, 즉 3개의 대가 모여 하나의 기(旗)를 이루면 기총이 거정이 되고, 전차 1량과 군사 12명이 모여 하나의 대(隊)를 이루면 대총(혹은 대장(隊長))이 거정이 된다는 의미이다. 즉 전차 1량과 군사들이 모여 하나의 전투 단위를 편성하고 있음을 보여준다. 이러한 편성은 이 책의 기본적인 바탕이 되는 『연병실기』의 내용과는 상당한 차이가 있다.

『연병실기』에서는 전차 1량을 중심으로 2개 대의 군사들로 편성한 '종(宗)'을 전투의 기본 단위로 하고 있다. 종의 편성은 먼저 전차를 운용하고 그 속에서 불랑기 등을 조작하는 정병(正兵) 10명과 전차 주위에서 조총 등을 사격하고 적과 근접전을 벌이는 기병(奇兵) 10명으로 각각 하나의 대를 구성하도록 하였다. 정병대(正兵隊)는 지휘자인 거정 1명과 전차에 장착된 소형 화포인 불랑기(佛狼機) 2문(門)을 조작하는 불랑기수(佛狼機手) 6명, 화전을 사격하는 화전수(火箭手) 2명, 그리고 전차의 뒤에서 전차 운행을 조정하는 타공(舵工) 1명으로 구성되어 있다. 기병대(奇兵隊)는 전차의 좌우에서 전차를 보호하고 전차 사이로 들어오는 적 기병(騎兵)을 공격하는 부대로서 대장(隊長) 1명과 조총수 4명, 등패수 2명, 당파수 2명, 그리고 화병 1명으로 이루어졌다.[4]

『연병실기』와 달리 『연병지남』에서는 전차 1량을 하나의 기나 대에 편성하고 기총과 대장이 거정이 되어 전차와 기 혹은 대를 지휘하도록 하였다. 이는 『연병실기』 체제와 다른 조선의 전차 형태 및 군사체제를 반영하는 것이다. 『연병실기』에서 제시된 전차는 수레 내부에 불랑기 2문을 장착하여 사격을 하고 아울러 전차의 좌우에 방패를 붙여 화전이나 조총을 사격할 수 있는 포차(砲車)의 형태를 가진 것이었다. 척계광은 이 포차의 기동성과 불랑기의 뛰어난 살상력을 결합하여 128량의 전차를 사방으로 둘러싸고 그 안에 기병과 보병을 두어 불랑기 등의 사격으로 적의 대형이 흩어지면 기병과 보병을 돌격시켜 적군을 공격하는 거

---

4 凡選車正 必須伶俐知事有主張者 隊長必有膽者 於內 先喚第一車正 就將衆軍中 取二十名 前來 內選有力而稍伶俐者一人 爲舵工 又以有力伶俐者六名 爲第一第二第三第四第五第六 俱充佛狼機手 以一三五三名 在左營佛狼機一架 以二四六三名 在右營佛狼機一架 又以力弱伶俐者二名 爲第七第八 管火箭與舵工 車正共十名 此正兵隊也 機手仍給有刃大棒各一桿 火箭手給長鈀一柄 便於放火箭也 又於二十名之內 仍選奇兵一隊 將先選到隊長 給長桿槍一根 上用該色隊旗 聽隊長自揀兵九名 內以年紀伶俐有力者四人 爲鳥銃手 各給長倭刀一把 爲第一名第二名第三名第四名 在車內放鳥銃 出車先放鳥銃 賊近用長刀 又選身中年少骨軟者二人 爲藤牌手 爲第五第六名 在車內放火箭 出車打石塊 賊近用藤牌 又以有殺氣者二人 充鏜鈀手 爲第七名第八名 在車放火箭 出車亦放火箭 賊近用鏜鈀 火兵 爲第九名 專管各隊炊飯 共十名 此奇兵隊也(『練兵實紀』 권1, 編伍法 「選車兵」).

그림 1 거영도(車營圖)(『기효신서』 수록)

영(車營) 전술을 고안하였다.[5] 이는 중국 북방의 평원 지대에서 몽골 기병의 돌격을 저지하기 위한 군사적 목적에 따른 것이었다.

광활한 평원인 중국 북방의 상황과 달리 조선은 산악 지역이 많아 대형 전차를 운용하기에는 어려움이 적지 않았다. 아울러 수레 제작 기술이 중국보다 뛰어나지 못하여 수레에 화포를 장착하여 사격하며, 다수의 전투원이 그 위에서 활동하기에는 전차의 견고성 문제로 인하여 어려웠을 것이다. 이 책의 저자 한교(韓嶠)가 『연병지남』에서 『연병실기』와

---

5   王兆春, 1998 『中國科學技術史；軍事技術卷』 科學出版社, 233쪽. 車營의 구체적인 형태와 각종 무기의 수량에 대해서는 『練兵實紀』 雜紀 권6, 「車營解」 참조.

달리 전차병을 따로 편성하지 않고 전차를 운용하는 기총이나 대장이 거정을 겸하는 군사 편제를 주장한 것은 조선의 여러 사정을 고려한 것으로 보인다.

기총과 대총은 척계광 병법의 군사 편제인 기와 대의 지휘자로서 대총은 일명 대장(隊長)이라고도 한다. 앞서 보았듯이 하나의 대는 전투원 10명과 보조 병사인 화병 1명, 그리고 대장 1명 등 12명으로 구성된다. 3개 대가 모여 하나의 기를 형성한다.

> 총수(銃手) 한 대(隊) 안의 8명은 수레 뒤에 서서 적군이 멀리 있을 때에는 조총을 사격하고 적군이 가까이 접근하면 (4명씩) 2개의 번(番)으로 나누어 한 번의 4명은 수레를 밀고 (다른) 한 번의 4명은 모두 조총을 받아든다. 타공(舵工) 2명은 (수레의) 두 바퀴 옆에 나누어 서서 적군이 멀리 있을 때에는 (총수) 8명과 함께 나와 조총을 사격하고, 적군이 가까이 있으면 자신의 조총을 한 번(番)의 군사에게 건네주고 각각 편두대봉(扁頭大棒)을 들고 바퀴를 호위하며 나아간다. 만일 구덩이에 빠지면 힘을 다하여 메고 나오고 적군이 가까우면 곤봉으로 친다. 화병 1명은 거마작(拒馬柞)을 들고서 두 수레 사이에서 수레를 따라 나오며 물러난다.
>
> 銃手一隊內八名 立車後 賊遠放銃 賊近分爲二番 一番四名 推車 一番四名 並受其銃 舵工二名 分立兩輪之傍 賊遠 與八名 同出放銃 賊近 卽以其銃 付與 受銃一番之軍 各持扁頭大棒 護輪而行 如坎陷 盡力挑出 賊近 用棒擊打 火兵一名 持拒馬柞 在兩車之間 隨車進退

이 절은 전차와 함께 편성된 총수대 한 대(12명)의 전투 시 각 병사들의 구체적인 행동을 보여주는 것이다. 총수대는 대장과 화병 각 1명, 그리고 총수(=砲手) 10명으로 구성되는데, 앞서 보았듯이 전차 1량과 총수대 1대로 하나의 전투 단위를 편성할 경우 대장은 당연히 거정이 된다. 『연병실기』와 달리 『연병지남』에서는 전차를 운용하는 타공을 따로 두지 않고 조총수 중 2명을 타공으로 삼음을 볼 수 있다. 적군이 멀리 있으면 조총수 10명이 함께 나와서 조총을 계속하여 사격한다. 당시 군사 훈련의 기본 병서인 『병학지남』에 의하면 적군이 100보(약 120미터)에 도달하면 조총을 사격하는 것으로 규정된 것으로 보아 이에 따랐을 것이다. 만일 적군이 가까이 오면 조총수 10명 중 8명을 2개의 번(番)으로 나누어 한 번의 4명은 자신의 조총을 옆 번의 4명에게 건네주고 전차를 밀며 앞으로 나아가게 된다. 나머지 2명은 전차를 운용하는 타공으로서 역할을 하기 위해 조총을 옆의 조총수에게 건네주고 앞부분이 납작하게 생긴 큰 곤봉[扁頭大棒]을 지니고서 전차의 가장 중요한 부분인 바퀴를 지키며 전차가 전진하는 동안 바퀴가 구덩이에 빠지는 것에 대비하였다.

위의 내용을 통해 『연병지남』의 전차 운용이 단순히 거영(車營) 외곽의 장애물로서 불랑기 등 화기 발사의 플랫폼의 역할에 그치는 『연병실기』보다 상당히 적극적이며 공세적임을 알 수 있다. 이때 나머지 조총수 4명의 역할은 나와 있지는 않지만 조총 사격 등을 할 것으로 보인다. 화병은 말을 막는 장애물인 거마작을 들고서 이동하면서 전차와 전차 사이의 공간에 설치하여 적의 기병이 그 사이로 들어오는 것을 막도록 한다. 적군과의 거리에 따른 구체적인 지휘 통제 방식과 각 군사들의 행동에 대해서는 뒤에 나오는 「거기보합조소절목(車騎步合操小節目)」
에 자세하다.

　총수는 조총을 장비한 군사들로 당시에는 포수(砲手)로 많이 불렸
다. 임진왜란 중 절강병법을 도입한 조선은 이 전술에 따라 근접전 군
사인 살수(殺手)와 함께 다수의 포수를 양성하였다. 이 전술을 보급하
기 위해 창설된 군영인 훈련도감은 포수와 살수를 중심으로 군병을 양
성하고 궁수(弓手)인 사수(射手)를 편입시켜 이른바 삼수병(三手兵) 체제

그림 2 『원행을묘정리의궤』 반차도의 조총병
자료 출처: 규장각한국학연구원 (Kyujanggak Institute For Korean Studies)

를 갖추었다. 1593년(선도 26) 10월 창설된 훈련도감은 점차 병력 규모
가 확대되어 이듬해 11월에는 포수 7초, 살수 4초, 사수 2초 등 13개초
1,500여 명으로 증가되었다.[6]

특히 임진왜란 중 조총의 위력을 확인한 조선은 포수 육성에 집중하

그림 3 일본의 조총병

---

6   김종수, 2003, 『조선후기 중앙군제연구』, 혜안, 73~76쪽.

여 살수와 포수의 비중을 4 : 1로 규정한 『기효신서』보다 포수의 비중을 크게 높였음을 훈련도감의 군병 편성을 통해 알 수 있다. 지방군의 경우에도 1596년(선조 29) 평안도 지역 네 진관의 군병 편성을 보여주는 「진관관병편오책」을 통해서도 살수보다 포수의 비중이 높음을 볼 수 있다. 포수의 비중 증가는 임진왜란 중 일본군에도 나타나고 있는데, 임진왜란 초기 일본의 전투병 중 조총병 비중이 15% 정도였던 데 비해 임진왜란 직후에는 그 비중이 보병의 경우 거의 절반에 달할 정도로 급증하였다.[7]

조총은 유럽에서 개발된 신형 화승총으로 16세기 중엽인 1543년 규슈 남쪽 다네가시마[種子島]에 표류한 포르투갈 상인에 의해 처음으로 전해지고 곧이어 일본 전역에 보급되기 시작하였다. 이후 일본의 전국시대 여러 전투에서 널리 사용되면서 군사 제도 및 전술상의 변화를 가져왔다. 조총은 기존의 화승총과 달리 불붙은 화승(火繩)을 용두(龍頭)라는 걸쇠에 걸어 방아쇠와 연결하였으므로 방아쇠를 당기면 화승이 화약이 담긴 화문(火門)과 접촉되어 화약에 불이 붙어 총알의 발사가 가능하였다. 또한 가늠쇠가 있어 정확한 조준이 가능하였을 뿐만 아니라 총열이 길어 목표를 정확히 맞출 수 있었다. 그 이전까지 일반적인 화기 제작 방법인 주조(鑄造), 즉 주물을 틀에 부어 만드는 것과 달리 철판을 두드려 만드는 단조(鍛造) 방식으로 제작하였으므로 매우 견고하

---

7   노영구, 2012, 「16~17세기 조총의 도입과 조선의 군사적 변화」『한국문화』 58, 119~121쪽.

여 고성능의 화약을 다량으로 사용할 수 있어 위력이 매우 컸다. 따라서 10번을 쏘면 8, 9번 맞출 수 있어 숲 속의 새도 쏘아 떨어뜨릴 수 있다고 하여 조총이라는 이름이 붙었다.

일본에서는 조총 대신 철포(鐵砲)라는 이름으로 불렸고 조총병은 뎃뽀아시가루[鐵砲足輕]라고 불렀다. 조총은 당시 명나라의 소형 화기인 쾌창에 비해 10배, 조선의 특기인 궁시에 비해 5배에 달하는 위력을 가 것으로 평가되어 조선후기 기병의 돌격을 저지하는 데 중요한 무기체계로 평가되기도 하였다. 그 규격은 시기에 따라 차이가 있지만 대체로

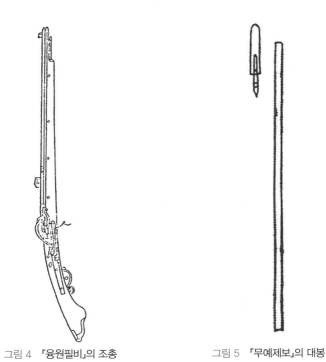

그림 4 『융원필비』의 조총   그림 5 『무예제보』의 대봉

길이는 3척 전후, 무게는 5~6근, 총의 내경(內徑)은 15~20밀리미터였다. 총구에는 2~3전(錢) 크기의 연환이 들어가고 장전하는 화약의 양은 3전 정도였다.

편두대봉이란 머리가 납작한 형태의 칼날을 매단 봉(棒)으로 길이는 7척, 무게는 3근 8량으로 칼날은 길이가 2촌이다. 중국의 남방에서는 곤(棍)이라 하고 북방에서는 백봉(白棒)이라 불렀는데 각종 창류를 훈련하기 전 기본 무예의 하나로서 봉을 이용한 훈련을 시키기도 하였다. 대봉은 화병과 같은 보조 군사들에게 개인 호위용 무기로서 지급되었다.

살수(殺手) 한 대는 등패수(籐牌手) (2명이) 제1쌍이 되고 낭선수(筤筅手) (2명이) 제2쌍이 되고 도곤수(刀棍手) 두 쌍(4명)이 그 다음에 서고, 파수(鈀手=당파수) 한 쌍(2명)이 가장 뒤에 선다. (살수) 한 대를 나누어 양의(兩儀)를 만들고 수레의 양옆에 가까이 붙어서 등패수와 낭선수 (한 명씩) 한 쌍이 되어 앞에 서고, 도곤수 한 쌍(2명)은 다음에 서고, 파수 1명은 가운데 뒤쪽에 선다. 적군이 가까우면 낭선수는 (적군의) 말을 막으며 창을 가로대며, 등패수는 칼을 지니고 말의 발을 베며[砍], 도곤수는 혹은 말의 머리를 때리거나 혹은 말의 배를 찌르며, 파수는 적군의 얼굴을 찌른다.

殺手一隊 籐牌 爲第一雙 狼筅 爲第二雙 刀棍手二雙 次之 鈀手一雙 居後 而以一隊 分作兩儀 夾車兩傍 牌筅爲一雙居前 刀棍一雙 次之 鈀手一名 居中在後 賊近 筅手 拒馬架鎗 牌手 持刀砍馬足 刀棍手 或 打馬頭 或刺馬腹 鈀手 戳賊面

이 절의 내용은 전차와 함께 전투하는 살수대의 편성과 근접 전투 시 각 병사들의 구체적인 전투 동작을 잘 보여주고 있다. 살수는 근접전 전문 군사로서 『기효신서』에서 처음으로 그 제도가 나타났다. 앞서 보았듯이 『기효신서』에서는 살수 한 대(12명)는 대장과 화병을 제외하고 군사 10명을 등패수 2명, 낭선수(狼筅手) 2명, 장창수(長槍手) 4명, 그리고 당파수 2명으로 편성하고 등패수를 가장 앞에 두고 차례대로 서서 전투 대형을 형성하도록 하였다.

살수대의 기본 전투 대형은 원앙대(鴛鴦隊)로서 이는 가장 앞 중앙에 대장이 서고 2열 종대로 등패수, 낭선수, 장창수, 당파수의 순으로 배치하며 가장 뒤에 화병이 따르게 된다. 전투 시에는 이 원앙대로 만든 원앙진을 바탕으로 상황에 따라 다양한 진형을 형성하게 되는데, 등패수, 낭선수, 당파수 각 1명과 장창수 2명으로 형성된 두 개의 오(伍)로 만든 양의진(兩儀陣), 1대를 3개의 대로 만든 삼재진(三才陣) 등이 그것이다. 삼재진은 중앙에 낭선수와 당파수 각 2명으로 구성된 정병(正兵)과 좌우에 등패수 1명과 장창수 2명으로 구성된 2개의 기병(奇兵)을 두는 형태이다(그림 27, 28 참조). 『연병지남』의 살수대는 전차와 함께 운용되므로 전투 시 전차 좌우에 양의진을 만들어 근접전을 하도록 하였는데, 위 글에서 각 단병기의 특성에 따라 근접전 시 적군의 말과 기병을 공격하는 특정한 부위와 동작을 매우 잘 묘사하고 있다.

『연병지남』에서의 살수대 편성은 한교가 저술할 때 참고한 척계광의 『기효신서』나 『연병실기』와 달리 독특하다. 『연병지남』의 살수대에서 등패수, 낭선수, 당파수는 『기효신서』 등과 동일한 규모로 편성하고 그 위

그림 6 『무예제보번역속집』의 도곤수

치도 같으나 새로운 살수 병종인 도곤수의 존재가 보이는 것이 매우 특
징적이다. 도곤수는 장창수 대신 편성된 것으로 협도곤(夾刀棍)을 장비
한 군사들이다. 협도곤은 칼날의 길이 5촌, 무게 4냥, 자루의 길이 7척
(약 1.4m) 정도 되는 짧은 창의 일종으로, 보병이 기병에 대항하기 위해
많이 사용되던 단병기였다(『武藝圖譜通志』 권3, 「挾刀」).

　『기효신서』에 따르면 화병 1명에게만 호위용으로 봉(棒)을 지급하였는
데, 북방의 경우에는 철기(鐵騎)가 일제히 돌격할 경우 장창과 같은 긴 단
병기는 종종 상하거나 부러져 기병을 막기에 어려움이 있었다. 그러나 대
봉(大棒)이나 칼날이 달린 도곤(刀棍)은 짧지만 운용하기 편리하고 잘 부
러지지 않아 기병을 저지하기에 용이하였다. 협도곤을 장비한 보병인 도
곤수는 적 기병과 대적할 때에는 먼저 말을 찔러 기병을 낙마시키고 나

서 긴 칼날로 기병을 벨 수 있었으므로 전장에서 상당히 유효하였다.[8] 이에 한교는『연병지남』의 살수대에 장창 대신 협도곤을 지닌 도곤수 4명을 편성하여 기병에 대항하도록 하였다. 도곤수의 존재를 통해『연병지남』이 북방 기병에 대항하기 위한 전술을 담은 병서임을 분명히 알 수 있다.

등패는 원앙대의 가장 앞에 위치한 등패수가 가진 등나무로 만든 원형 방패이다. 등패는 오래된 거친 등나무 중 손가락 크기만 한 것을 재료로 사용하는데 대껍질 등으로 촘촘히 싸고 중심이 밖으로 튀어나오고 안쪽은 비워 두어 여러 개의 화살이 날아 들어와도 손과 팔이 다치지 않도록 하였다. 등나무가 없는 북방 지역에서는 버드나무에 가죽을 대어 대신하기도 하였다. 등패의 중앙 돌기된 부분에는 귀두(鬼頭)라 하여 귀신 장식이 붙어 있었다. 등나무로 제작하였으므로 등패는 가볍고 견고하여 휴대에 편리하였다. 조선후기 무예서인『무예도보통지』에 의하면 등패의 직경은 3척 7촌(약 75cm)으로 중국식에 비해 조금 작아 앉아서 몸을 숨기기에는 다소 작았다고 한다. 등패수는 등패를 들고 나아가다가 적에 가까워지면 먼저 한 손에 든 작은 투창인 표창(鏢槍)을 쥐고 적에게 던진 이후에 허리에 찬 요도(腰刀)를 뽑아 적을 공격하였다. 다만 북방의 경우에는 기병전이 주를 이루었으므로 표창의 효용성이 낮아 이를 사용하지 않았다고 한다.

참고로 표창은 단단한 나무나 가는 대나무를 사용하며 앞부분이 무겁고 뒷부분은 가볍다. 창날의 길이는 5촌(약 10cm)이며 무게는 4량 정도였

---

8   戸田藤成, 1994,『武器と防具―日本編』, 新紀元社, pp.85-86.

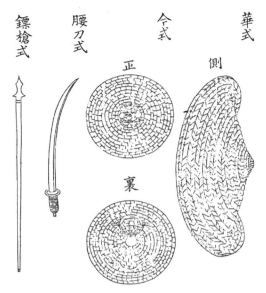

그림 7 『무예도보통지』의 등패 및 표창, 요도

고 자루의 길이는 7척(1.4m)였다. 창끝은 쇠로 만들어 무겁고 형태는 호로 모양으로 중앙이 잘록하여 일단 박히면 뽑기가 어렵게 되어 있었다.

낭선은 가지가 달린 대나무의 앞에 창날을 달아 만든 창의 일종으로 척계광이 제식(制式) 병기로 채택하여 널리 알려졌다. 척계광이 왜구와 전투할 당시 남방의 논 지역에서 진용이 사방으로 흩어져서 마름쇠와 거마목을 사용할 수 없었으므로 방어와 공격을 겸할 수 있는 무기로서 고안한 것이었다. 낭선을 든 낭선수는 방패수 뒤에 2명이 편성되었다. 낭선의 길이는 1장 5척(약 3m)이며 무게는 7근으로 대나무 낭선과 철낭선의 두 종류가 있었다. 자루에 붙은 가지는 9층으로 하되 10, 11층도

가능하였다. 앞에 붙은 창날의 무게는 반 근 이상으로 낭선 자루의 뒷부분이 조금 무거워 중간을 잡으면 균형을 이룰 수 있도록 되어 있었다.

당파는 세 개의 창날이 달린 창의 일종으로 원래 중국의 남방 지역민들이 사용하던 쇠스랑에서 비롯된 무기였다. 척계광이 원앙대의 마지막 9, 10번 병사들의 제식 무기로 채택하여 조선에도 임진왜란 기간 중 절강병법이 도입되면서 널리 알려지게 되었다. 길이는 7척 6촌(약 150cm)이고 무게는 5근으로서 자루끝 창날인 파(鈀)를 합한 입뿌리 부분이 1촌인

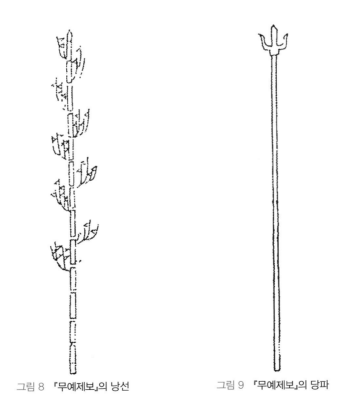

그림 8 『무예제보』의 낭선   그림 9 『무예제보』의 당파

데 끝으로 가면 점점 가늘어진다. 가운데의 창날[正鋒]과 좌우의 창날[橫股]을 합하여 한 자루가 되는데 가운데 창날이 반드시 좌우의 창날보다 2촌 정도 높도록 하였다. 특히 당파는 화전을 발사할 수 있는 발사대로서 기능을 아울러 가지고 있었다. 화전을 발사할 때에는 평평한 좌우의 창날 사이에 화전을 걸어 쏘았다. 세 갈래의 창날을 가진 당파는 왜구의 칼날을 걸어 넘기거나 달려오는 북방 기병을 찔러 쓰러뜨리는 데 효과적이었으므로 『기효신서』 및 『연병실기』에도 동일하게 수록되어 있었다.

참고로 『기효신서』의 원앙대에 4명이 편성된 장창수의 무기인 장창은 1장 5척(약 3m)의 긴 창으로 창날의 길이는 9촌 정도였다. 창날의 좌우에 날이 있고 그 중간에 피가 흐르는 통로인 혈조(血槽)가 있었다. 창날의 아래에는 둥근 형태의 구리로 된 테두리인 석반(錫盤)이 있어 창날이 지나치게 적의 몸 깊숙이 박히는 것을 막아주었다. 창자루는 일반적으로 딱딱한 나무의 동체를 사용하였고 창자루 끝에는 준(鐏)이라 하여 예리한 구리로 된 장식을 붙였다. 장창은 주로 적군을 찔러 살상하는 역할을 맡았으나 북방 기병은 빠른 속도로 달려오므로 긴 장창은 적 기병의 돌진에 부러지거나 빠르게 대응할 수 없었으므로 『연병실기』 및 『연병지남』에서는 살수대의 제식 무기로 채택하지 않았다.

그림 10
『무예제보』의 장창

궁수(弓手) 한 대는 적군이 50보 내에 들어오면 화살을 쏜다. 적군이 가까이 오면 (대를 둘로) 나누어 양의(兩儀)를 만들고 살수(殺手)를 쫓아 전투를 돕는데 모두 장도(長刀)를 차고서 화살이 다하여 혈전(血戰)을 벌이는 것에 대비한다. [이상은 한 기가 한 수레로 편성된 경우이다]

弓手一隊 賊至五十步內 射箭 賊近 分爲兩儀 隨殺手助戰 皆佩長刀 以備矢盡血戰 [此一旗一車也]

위 내용은 궁시(弓矢)를 다루는 궁수대의 전투 모습을 보여주고 있다. 궁시는 전통적인 조선의 장기로서 16세기 중반 일본에 조총이 도입되기 전까지 전술적으로 조선이 일본의 우위에 설 수 있었던 주요한 원인이었다. 그러나 임진왜란을 계기로 조총으로 무장한 일본군에 조선의 우월한 궁시 능력이 상쇄됨에 따라 임진왜란 기간 중 조선은 집중적으로 조총병인 포수와 살수의 양성에 노력하였다. 1593년(선조 26) 말 창설된 훈련도감의 경우 최초에는 포수와 살수만으로 편성되었으나 이후 궁시를 다루는 사수(射手)도 편입되었다. 이른바 삼수병(三手兵) 군사체제가 바로 그것이다. 훈련도감은 새로운 전술인 절강병법의 도입과 보급을 창설의 목적으로 하였으므로 포수, 살수의 비중이 사수에 비해 높았다. 임진왜란 중 정비된 지방의 속오군(束伍軍)의 경우에도 삼수병 체제를 바탕으로 편성되었다. 임진왜란 중 편성된 평안도 지역 속오군의 체제를 보여주는 『진관관병편오책(鎭管官兵編伍册)』을 보면 사수가 48.6퍼센트, 포수 30.2퍼센트, 살수 21.2퍼센트 등으로 나타나 임진왜란 당시까지는 사수의 비중이 여전히 높음을 알 수 있다.

임진왜란 이후 사수의 비중은 차츰 떨어지기 시작한다. 임진왜란 직후부터 북방 여진의 위협이 심각해지기 시작하였다. 이는 갑옷으로 방호된 여진 기병의 돌격을 저지하기 위해서는 근력(筋力)의 힘으로 사격하여 거리가 멀어질수록 위력이 약해지는 궁시보다는 관통력이 높은 조총의 필요성이 높아진 상황과 관련이 있다. 다만 조총은 발사 속도가 느려 한 차례 사격 이후에는 곧바로 적 기병과 맞닥뜨리게 되는 문제가 나타났다. 이에 적 기병의 돌격을 저지하고 조총 장전의 시간을 확보하기 위해 관통력은 다소 낮지만 발사 속도가 빠른 궁시가 필요했다. 임진왜란 시기부터 조선군은 궁시를 이전보다 근거리에서 사격하여 정확성과 살상력을 높이는 이른바 근사법(近射法)이 많이 개발되었다. 따라서 궁시를 발사하는 궁수 혹은 사수의 역할은 전술적으로 여전히 매우 중요했다. 임진왜란 이후 확립된 조선의 삼수병 체제에 따라『연병지남』에서도 한 기를 총수, 궁수, 살수 각 1대를 균등하게 편성하도록 하였음을 알 수 있다.

이상의 내용을 살펴보면 전차를 기준으로 가장 앞에 살수가 배치되고 이어서 궁수가, 그리고 총수는 전차의 뒤에 배치됨을 짐작할 수 있다. 전투하는 순서는 적군이 나타나 100보에 이르면 먼저 총수가 전차 뒤에서 방호를 받으며 사격하다가 적군이 50보 이내에 들어오면 궁수도 화살을 발사하기 시작한다. 적군이 접근하면 살수가 전차의 양옆에 서고 그 뒤에 궁수가 살수를 도와 장도(長刀)로 근접전을 수행하게 된다. 이때 총수들은 전차를 앞으로 밀면서 전진하게 된다.

장도(長刀)는 칼날의 길이가 긴 전투용 도검으로서『무예도보통지』

에는 쌍수도(雙手刀)로 되어 있다. 16세기 중엽 중국 남방 지역의 왜구들이 긴 일본도를 사용하여 근접전에서 명나라 군대를 압도하였다. 이에 척계광이 이를 모방하여 양손으로 사용하는 장도를 제작하여 군사들 중 특히 조총 사격 이후 근접전 시에 특별한 방어용 무기가 없는 조총수에게 널리 보급하였다. 장도는 칼날의 길이는 5척(약 1m)이고 칼날의 뒤쪽 손잡이 바로 앞의 칼날 부분을 구리로 싸서 칼날이 부딪힐 때 그 충격으로 칼날이 부러지지 않도록 한 동호인(銅護刃)이 1척, 칼자루가 1척 5촌으로 총 길이는 6척 5촌(약 130cm)이고

무게는 2근 8냥이다. 왜구들이 이 칼을 휘두르며 공격할 때 그 위력이 매우 컸으므로 척계광은 이 장도를 채용하여 조총수의 근접전 시 방어무기로 채택하였으므로 『무예제보』에 그 무예가 수록되었다. 그러나 조선후기에는 칼이 지나치게 길어 사용하기가 불편한 장도 대신 다소 짧은 요도(腰刀)를 익혀 사용하도록 하였다. 임진왜란 중 조선에도 도입되어 『무예제보』에도 장도의 제원과 훈련법이 정리되었고 전투 시에는 궁수나 포수가 휴대하면서 사격 후 근접전에 사용하였다.

그림 11
『무예제보』의 장도

만일 한 대(隊)가 한 수레로 구성될 경우에는 포수와 사수 4명은 적이 멀리 있으면 조총을 쏘며 화살을 사격하고, 적이 가까이 오면 수레를 민다. 낭선수, 등패수, 도곤수 각 2명은 수레의 양옆에 나누어 붙고, 대장과 화병은 두 바퀴를 나누어 관장하되, 싸우는 방법[戰法]은 앞과 같다. [북방은 낭선이 없으면 긴 자루의 당파로 대신 사용하여도 괜찮다. 그러나 그 말을 막기 위해 창을 세우는 것은 낭선에 미치지 못하니 만일 가지가 있는 단단한 나무로 만들면 괜찮다. 등패로 말하면 북방은 등나무가 없으므로 버드나무를 사용하여 만들되 가죽을 덧대니 무게는 50근인데 척자(戚子: 척계광)가 이미 이를 언급하였다. 『연병실기』에 보인다]

若一隊一車 則砲射手四人 賊遠放銃射矢 賊近推車 筅牌刀棍各二名
分夾車兩傍 隊長火兵 分管兩輪 戰法如前 [北方無筅 則代用長柄鈀 亦可 然
其所以拒馬架鎗者 不及於筅 如以有枝堅木爲之 亦可 至如牌 則北方無藤 用柳木爲之
加革 重五十斤 戚子已有其言矣 見實紀]

이 절의 내용은 수레 1량으로 1대(隊)를 편성할 경우 포수와 사수, 살수로 이루어진 10명으로 1대를 편성하고 전투를 하는 전술을 제시하고 있다. 하나의 대(隊)는 삼수병 중 하나의 병종으로 구성하고 세 대를 통합하여 수레 1량을 중심으로 전투하는 것이 일반적인 편성 방식이었다. 그러나 수레 1량에 1대의 군사를 편성할 경우에는 앞서 보았듯이 대총(隊總)이 거정이 되어 전투하는 방식이 이 절에서 제시되어 있다. 조선 후기 1대 내에 다양한 병종을 편성하는 경우는 일반적이지는 않지만 최근 발견된 17세기 후반 제주도 속오군의 편성을 보여주는 「제주속오군적부(濟州束伍軍籍簿)」에 의하면 사수 2명, 살수 4명, 포수 4명과 대정, 화병 각 1명으로 1대를 편성한 경우가 보인다.[9] 그러나 이 사례 이외에 삼수병을 1대에 혼합 편성한 경우는 아직 발견되지 않고 있다.

> 마병(馬兵) 1대는 적이 멀리 있으면 말에서 내려 삼혈총(三穴銃)을 쏘
> 거나 혹은 화살을 쏜다. 적이 가까이 오면 말에 올라 나누어 좌·우
> 익(左右翼)이 되어 원앙진으로 달려 나가는데 혹은 편곤을, 혹은 장도
> 를, 혹은 언월도를, 혹은 쌍도(雙刀)를, 혹은 구창을 써서 함성을 지
> 르면 전투를 한다. 혹은 마상에서 삼혈총을 돌려가며 사격하되 양의
> 진과 삼재진으로 때에 맞게 합변(合變)하라.
> 馬兵一隊 賊遠 下馬 放三穴銃 或射矢 賊近 上馬 分爲左右翼 以鴛鴦
> 馳出 或用鞭棍 或用長刀 或用偃月刀 或用雙刀 或用鉤鎗 吶喊作戰
> 亦或馬上輪放三穴銃 兩儀三才 臨時合變

위 내용은 마병대의 전투 모습을 보여주는 자료이다. 이를 통해 마병
은 적군이 멀리 있으면 삼혈총이나 궁시를 사격하고 적군이 가까이 접
근하면 말에 올라 좌, 우익의 두 제대로 나뉘어 2열 종대 형태인 원앙진
의 형태로 달려 나가고 있음을 알 수 있다. 삼혈총은 일명 삼안총(三眼

---

9 「제주속오군적부(濟州束伍軍籍簿)」는 1702년 제주목사를 지낸 이형상(李衡祥)의 「탐
   라순역도(耽羅巡歷圖)」를 해체 복원하는 과정에서 그 배접지(褙接紙)에 쓰인 것이
   발견되어 2000년 제주대학교 탐라문화연구소에 의해 영인 간행되었다.

銃)으로 3개의 짧은 총신이 있고 뒤에 손잡이용 나무를 끼워 3개의 총신에 총환을 장전하고 차례로 심지에 불을 붙여 사격하는 휴대용 화기였다.[10] 길이가 짧아 휴대가 간편하고 3발 연달아 사격이 가능한 것으로 인해 말 위에서도 사용할 수 있었으므로 주로 기병이 사용하였다. 그러나 총신이 짧아 관통력이 낮았으므로 조선에서는 신호용 이외에 널리 사용되지는 못하였다. 마병대의 기병은 적과 근접전 시에는 자신이 가진 여러 종류의 단병기를 사용하였는데, 편곤, 장도, 언월도, 쌍도, 구창 등이 있었음을 알 수 있다. 마병들이 가진 단병기의 편성은 『연병실기』와는 다소 차이를 보인다.

『연병실기』에 의하면 마병대는 대장과 화병 이외에 조총수, 쾌창수, 당파수, 도곤수, 대봉수 각 2명을 두되 조총수는 쌍수도로, 쾌창수는 쾌창에 붙은 긴 자루의 곤봉으로 단병 접전을 하도록 하였다. 그리고 단병기를 주로 다루는 당파수, 도곤수, 대봉수의 경우 당파수는 화전(火箭)을, 도곤수와 대봉수는 궁시를 각각 가지도록 하여 장병과 단병을 함께 장비하도록 하였다.[11] 『연병지남』의 마병대에는 조총수와 쾌창수가 없으며 당파, 대봉, 도곤 등의 단병기가 편성되지 않는 점이 『연병

---

10 삼혈총에 대해서는 국방군사연구소 편, 1994, 『한국무기발달사』, 514~515쪽 참조.

11 以有力伶俐者二名 爲一伍長二伍長 充鳥銃手 以鳥銃爲長兵 仍習雙手刀爲短兵 以有力伶俐者二名 爲第三第四 充快鎗手 各執長柄快鎗爲短兵 近用柄大棍爲短兵 以有殺氣能射者二名 爲第七第八 充刀棍手 以刀棍爲短兵 以射爲長兵 以有力習射者二名 爲第九第十 充大棒手 以大棒爲短兵 弓矢爲長兵 以庸碌可役者一名 爲第十一名 充火兵(『練兵實紀』 권1, 編伍法 「騎兵」).

그림 12 『연병실기』의 마병대

실기』와 다소 차이가 있다. 아울러 『연병지남』에는 마병의 화기로서 삼혈총을 갖추고 있을 뿐만 아니라 마상에서 근접전 중 사격하도록 하거나 편곤, 장도, 언월도, 구창 등의 단병기를 휴대하도록 하되 구체적인 마병들의 단병기 장비 기준을 정하지 않은 점 등은 특징적이다. 당시 조선 마병들의 여러 단병기를 통해 이미 마병을 위한 근접 무예가 어느 정도 개발되었고 이를 정리하였을 가능성이 있으나 아직 17세기 전반기의 마상 무예가 따로 정리된 문헌이나 기록은 보이지 않는다.

때에 맞게[隨時]란 험하고 평탄함을 만나는 때에 따른다는 것으로[12] 상황에 따른다는 의미이다.

---

12 『병학지남연의』 2권, 국방군사연구소, 168쪽.

편곤은 도리깨 모양의 타격 무기로서 긴 자루인 곤(棍) 앞에 철고리를 달아 때리는 부분인 채찍, 즉 편(鞭)이 달려 있는 형태를 띠고 있다. 편곤은 보병용 편곤인 보편곤(步鞭棍)과 기병용 편곤인 마편곤(馬鞭棍)으로 나뉘는데 『무예도보통지』에 의하면 보편곤은 편의 길이는 8척 9촌(약 180cm)이고 자편(子鞭)의 길이 2척 2촌 5분(약 45cm)이며 곤의 길이는 10척 2촌 5분(약 225cm)으로 모두 단단한 나무에 주칠을 하여 제작하였다. 마편곤은 편의 길이는 6척 5촌(약 130cm)이고 자편은 1척 6촌(약 30cm)인데 대나무를 모아 가죽으로 싸고 주칠이나 흑칠을 하였다. 따라서 마편곤이 보편곤보다 약간 짧았다. 조선후기에 편곤은 기병의 주요 무기였으므로 기병은 반드시 환도 및 궁시와 함께 편곤을 휴대하고

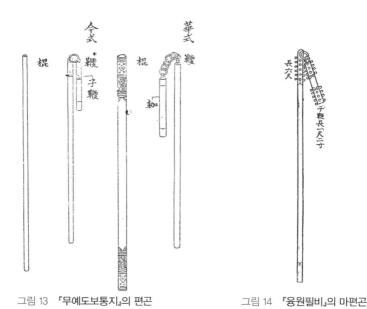

그림 13 『무예도보통지』의 편곤   그림 14 『융원필비』의 마편곤

전투 시 적군이 50보(약 60m) 안으로 들어오면 편곤을 휘두르며 적진에 돌격하는 전술을 구사하였다. 이에 비해 보병의 무기로서 편곤은 거의 사용되지 못하였다. 실제 1624년(인조 2) 초 일어난 이괄(李适)의 난 당시 이괄군 선봉에는 수백 명의 기병이 편곤을 휘두르며 돌격하여 토벌군의 저지를 뚫는 데 큰 역할을 하였다.

그림 15 『무예도보통지』의 보편곤보

그림 16 『무예도보통지』의 마상편곤

언월도는 월도(月刀)라고 하는데 그 모양이 반달과 같다고 하여 언월도 혹은 청룡언월도(靑龍偃月刀)라 불리기도 하였다. 『무예제보번역속집』에 따르면 청룡언월도의 칼날의 길이는 2척(약 40cm)이고 넓이는 4촌(약 10cm), 자루의 길이는 5척(약 1m)으로 되어 있다. 이후 월도는 길이가 좀 더 커져 자루는 6척 4촌, 칼날의 길이는 2척 8촌이며 무게는 3근 14량이 되었다. 월도는 무게가 무거워 사용하기에 다소 불편하여 보병의 경우 훈련용이나 의장용으로 사용되었고 실제 전투에서는 그다지 사용되지 못하였다. 다만 기병의 경우에는 언월도의 길이가 길고 위력이 커서 일본의 검술 등을 압도할 수 있었으므로 부분적으로 사용되었다.

그림 17
『무예제보번역속집』의
청룡언월도

그림 18 『무예도보통지』의 마상월도

쌍도는 양손에 각각 하나씩 두 개의 작은 도(刀)를 운용하는 것이었
는데 조선후기에는 별도의 쌍도를 제작하지 않고 요도(腰刀) 중에서 가
장 짧은 것을 선택하여 사용하는 것이 일반적이었다. 따라서 쌍도는 쌍
검과 동일한 용어로 사용되었다. 쌍검 무예는 임진왜란 중 명군의 무예
시범을 통해 조선에 본격적으로 소개되었다.[13] 『무예도보통지』 「쌍검」
조에 의하면 쌍검의 칼날 길이는 2척 5촌(약 50cm)이고 자루 길이는 5
촌 5분(10여 cm)이며 무게는 8량이다. 쌍검은 짧았으므로 한 칼집에 쌍
검을 꽂고 다녔다. 기병도 쌍검을 운용하였는데 이를 마상쌍검(馬上雙
劍)이라 하였다. 쌍검은 길이가 짧았으므로 적에 대한 공격보다는 적의
포위를 헤치고 나아가는 데 유리하였으므로 쌍검 무예는 공격보다 방

그림 19 『무예도보통지』의 쌍검 무예 동작

---

13 『선조실록』 권55, 선조 27년 9월 戊寅.

어에 치중하였다. 『무예도보통지』「쌍검」조
에 나오는 13세(勢) 중 8세가 방어 기법이라
는 점은 이를 잘 보여준다.[14]

구창은 창날의 옆에 안쪽으로 휘어진 갈고
리 모양[鉤]의 보조 창날이 붙은 창의 일종이
다. 『무예제보번역속집』에 의하면 길이는 8
척 5촌(약 190cm)이고 무게는 3근 정도였다.
그 사용법은 기본적으로 협도곤(夾刀棍)과 동
일하였다. 안쪽으로 휘어진 보조 창날을 이
용해 적을 때려 부상을 입히거나 갑옷에 걸
어 상대방을 넘어뜨리는 데 사용할 수 있었
다. 구창은 송나라 시기에 많이 사용되었는
데, 송대 편찬된 병서인 『무경총요(武經總要)』
에 의하면 모두 8종의 창류가 소개되어 있는
데 그중에서 쌍구창(雙鉤槍), 단구창(單鉤槍),

그림 20
『무예제보번역속집』의 구창

환자창(環子槍) 등 세 종류의 구창이 있었다고 한다.[15] 이로 보아 송나라
시기 요나라와 금나라 등 북방 기병에 대항하기 위해 구창이 많이 보급
되었음을 알 수 있다.

---

14 곽낙현, 2012, 「조선후기 도검무예 연구」, 한국학중앙연구원 박사학위논문, 146쪽.
15 篠田耕一, 1992, 『武器と防具－中國編』, 新紀元社, p.92.

거기보합조소절목
(車騎步合操小節目)

한 대에서 백만 대까지의
훈련하는 방법은 모두 같다
[自一隊至百萬隊 練法皆同]

「거기보대오규식」이 포수대, 살수대, 궁수대, 마병대 및 전
차를 중심으로 하나의 기(3개 대) 혹은 대 편성과 각 대별
전투 방식을 서술했다면 이 절목에서는 전차, 기병, 보병
을 통합하여 훈련하는[合操] 절차를 서술하고 있다.

거병(車兵)은 수레를 정돈하며 보병은 기계(器械: 무기)를 지니고서 수레에 붙으며, 마병은 말에 올라탄다. 모두 규식(規式)과 같이 하여 앞에 가서 서되 거병과 보병은 앞에, 마병은 뒤에 선다.

車兵整車 步兵持器械附車 馬兵上馬 皆如規式 前來立定 車步在前
馬兵居後

위 내용은 군사 훈련을 하기 전 세 병종들이 무기를 지니고 말에 올라타고서 명령을 전달받기 위해 도열한 위치를 보여주는 장면이다. 가장 앞에 거병과 보병이 서고 기병이 뒤에 말에 탄 채로 도열한 모습을 볼 수 있다.

중군(中軍)이 영문(營門)을 열고 조련을 시작하겠다[開營起操]고 (주장(主將)에게) 아뢰고 나서 징의 가장자리를 쳐 당보군(塘報軍)을 내어보내고 앞뒤로 복병(伏兵)을 내되 서로 수십 보를 띄우도록 하지만 실제 싸움의 경우에는 5리 정도 띄우도록 한다. 적군이 보이지 않으면 징의 가장자리를 울려 복병을 내보내지만, 적과 대적하는 경우에는 군사들을 쫓아 함께 내보낸다.

中軍 稟開營起操 鳴金邊 發遣塘報 出前後伏 相去數十步 實戰五里許 賊未見 則鳴金邊出伏 對賊 則隨兵同出

위 내용은 훈련을 시작하기 직전 훈련을 지휘하는 장수인 중군(中軍)이 주장에게 조련을 시작하겠다고 아뢴 이후 먼저 척후병인 당보군(塘報軍)을 내어 적의 동향을 살피도록 하고 아울러 복병을 본대의 앞뒤로 내도록 하는 모습의 장면이다. 실전의 경우에는 복병 사이에 5리(약 2km) 간격을 띄우도록 하지만 여기서는 훈련이므로 이들의 간격을 수십 보 정도 띄워서 두도록 한다. 적군이 보이지 않으면 복병만을 내보내지만 적군과 대치하고 있을 경우에는 군사들과 함께 복병을 내보내도록 한다. 당보군은 정찰병을 의미하는데 이들은 작은 황색 깃발[黃旗]을 하나씩 들고 차례로 연락하면서 적군의 출현 등을 알리도록 하였다.

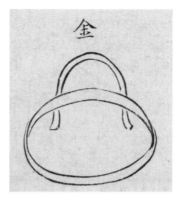

그림 21 『세종실록』「오례의」의 정(鉦)과 징[金]

징[金]은 초기에는 정(鉦)과 구분되는 악기로서 형태와 명칭이 유사하였으나 별개의 악기였다. 『세종실록』 오례(五禮) 「군례서례(軍禮序例)」에서는 다른 명칭이지만 형태 면에서는 크게 구분되지 않았다. 『병학지남연의』에서는 징(鉦)은 진퇴를 명령하는 악기로, 금(金)은 진퇴를 금지하는 악기로 그 역할을 구분하였다. 그러나 오늘날에는 양자가 모두 징으로 통합되어 전승되고 있다.[16]

---

16 이숙희, 2007, 『조선후기 군영악대』, 태학사, 156~159쪽.

> 나(鑼)를 치고 기를 눕히면 각 병사들은 앉아서 쉬고 마병은 말에서
> 내려온다. 적군이 모습을 드러내면 당보군은 황기(黃旗)를 흔들고 경
> 보를 알려온다.
>
> 鳴鑼仆旗 各兵坐息. 馬兵下馬 賊現形 塘報搖黃旗 報警

나(鑼)는 『연병지남』의 언해본에는 '쇼징', 즉 작은 징으로 되어 있어
징과 형태는 유사하지만 크기는 작은 악기임을 알 수 있다. 『병학지남
연의』에서는 작고 배가 없는 것을 정(鉦)이라 하고, 크고 배가 있는 것
을 나(鑼)라고 하였는데, 기본적으로 두 악기는 모양은 비슷하지만 몸
에 크고 작은 차이가 있고 소리에 느리고 빠른 절도가 있다고 하였다.[17]
당시 나(鑼)를 울리는 것은 기본적으로 각 군사들이 편안히 휴식하라는
신호로 많이 사용하였다.

---

17 『병학지남연의』 권1, 기고정법 「明羅號」. 鑼에 대해서는 이숙희, 2007, 앞의 책,
   160~162쪽에 자세하다.

> 호포(號砲)를 들어 한 번 쏘고 발라(哱囉)를 불면 각 병사들은 일어서고 마병은 말에 올라타며 보병은 기계(器械)를 집는다. 적군이 100보 안에 들어오면,
>
> 舉號砲一聲 吹哱囉 各兵起立 馬兵上馬 步兵執器械 賊至百步之內

이 내용은 적군의 출현 경보가 온 이후 군사들이 전투 준비를 하는 모습을 보여주는 장면이다. 호포를 쏘고 발라를 불면 군사들이 일어나고 말을 타고서 무기를 들고 전투 준비를 갖추게 된다. 호포는 호령할 때 사용하는 총통으로서 언해본에는 '녕ᄒᆞᄂᆞᆫ 즁통'으로 되어 있다. 즁통은 중통(中筒)을 의미하는데 당시 대형 화포가 아닌 중간 크기의 총통을 의미한 듯하다. 조선후기에는 호포로 삼안총 또는 호준포(虎蹲砲)를 사용하는 경우가 대부분이었는데 이때의 중통은 아마 호준포를 가리키는 듯하다.

발라는 붉은 색의 관악기로 대각(大角)과 형태는 조금 다르지만 용도는 비슷한 나팔이다. 구리 또는 나무로 만들며 길이는 5척이며 앞쪽은 가늘고 끝이 큰 형태이다. 발라는 보통 병사들에게 몸을 일으켜 전투를 준비하라는 신호로 많이 사용되었다.[18]

---

18 『병학지남연의』 권1, 기고정법 「明哱囉號」, 이숙희, 앞의 책, 140~142쪽.

> 호포를 한 번 쏘고 붉은[紅] 고초기(高招旗)를 병사들의 5보 앞에 세우
> 고 단파개(單擺開) 나팔을 불면 포수들은 일제히 나아가 한 열로 선
> 다. 천아성(天鵝聲) 나팔을 불다가 그치면 일제히 사격하고 솔발(捧鈸)
> 을 흔들면 대(隊)를 거두어들인다.
>
> 號砲一聲 立紅招於兵前五步 吹單擺開 砲手 齊出單列 吹天鵝聲畢齊
> 放 捧鈸收隊

이 내용은 앞 절에서 출현한 적군이 우리 군사들이 진을 펼친 곳에서
100보(약 120미터) 안으로 접근할 경우 신호에 따라 포수들이 한 열로
늘어서서 일제히 조총을 사격하는 절차를 보여주는 장면이다. 조총의
유효 사거리는 100보보다 멀지만 100보 이내에 도달할 경우에 최초 사
격하는 것은 당시 화기의 정확성이 높지 않았으므로 가까운 곳에서 적
을 확실히 제압하기 위해서였다. 이는 조선후기 대부분의 병서(『병학지
남』·『병학통』)에 준용되고 있다.

고초기는 해당 방위의 부대에게 일정하게 움직일 수 있도록 신호하
는 데 사용되는 길이 12척(약 240cm)의 긴 형태의 깃발이다. 깃대의 길
이는 16척(약 320cm)이고 깃발의 끝에 2척의 제비 모양의 꼬리[燕尾]를
붙이고 있다. 깃발의 색깔은 해당 방위를 따르고 제비 모양의 꼬리는
해당 방위에 상생하는 색깔로 하며 깃대 끝에는 붉은 실로 꿩의 꼬리
[雉尾] 장식을 달았다.[19]

---

19 노영구, 2002, 「조선후기 반차도에 보이는 군사용 깃발」, 『문헌과해석』 22,
   151~152쪽.

그림 22 『속병장도설』의 고초기

此為手層之主奇兵及親兵皆其
主也友則音燈必應五方之月桿
用好照竹紅漆長一丈六尺頭用
小鐵頭金木葫蘆頂鐵翠務在
輕便照方色金幅絹長一天三尺
燈用照方色金幅薄油紙
燈籠用鐵絲粗四寸長七寸聚其
輕也

그림 23 『기효신서』의 고초기

단파개란 나팔 소리를 잠시 쉬었다가 다소 긴 소리로 부는 것이다. 이는 살수는 작은 대[小隊]로 늘어서고 총수는 일렬로 진영을 이루어 싸움에 대비하라는 신호였다. 천아성이란 한 번 긴 소리로 나팔을 부는 것으로, 천아성 나팔은 각 군이 일제히 함성을 지르거나 혹은 총수가 일제히 조총을 발사하고 궁수가 일제히 화살을 발사하라는 신호로 사용되었다.[20]

솔발이란 요령 형태의 악기로서 언해에서는 '요령'으로 풀어져 있는데 임진왜란 중 전래된 명나라 『기효신서』를 통해 중국에서 그 제도가 들어왔다. 놋쇠로 만든 종 모양의 큰 방울로서 위에 쇠자루가 달리고 안에 작은 쇠뭉치가 달린 형태이나 현재 그 전승은 단절되었다. 솔발을 울리는 것은 병사들로 하여금 부대를 거두어들이기 위해서이다. 두 번 울리면 대대(大隊)를 이루고 기치를 뽑아 중군으로 돌아오라는 신호로 사용되었다.[21]

> 기화(起火) 한 자루를 쏘고 천아성 나팔을 불면, 파수(鈀手: 당파수)는 화전(火箭)을 쏘고 수레 속의 대포(大砲)를 일제히 쏜다. 적군이 50보 안에 도달하면 추인(蒭人)을 좌우로 벌려 세우고 좌우로 물러선다.
> 放起火一枝 吹天鵝聲 鈀手放火箭 及車中大砲齊放 賊到五十步之內 列竪蒭人 左右屏

---

20 『병학지남연의』 권1, 「기고정법」.
21 『기효신서』 권2, 이목편 「練鍑」.

이 절은 조총 사격에 이어 기화 및 천아성 나팔의 신호에 따라 화전과 대포를 사격하는 모습을 보여준다. 화전 등의 사격에도 불구하고 적군이 50보 안에 도달하면 짚으로 만든 허수아비인 이른바 추인을 벌려 세워 장애물로 하여 적군의 진격을 막고 좌우로 물리치도록 하였음을 알 수 있다.

기화는 로켓형 불화살인 화전의 촉을 제거한 신호용 로켓으로서 전투 시에는 파수가 화전을 발사하라는 신호로 사용되었다. 그 외에도 방영을 치고 나서 땔나무를 하고 물을 긷는 일을 맡아 방영 밖으로 나가 있는 초급병(樵汲兵)들을 불러들이고 영문을 닫은 후에 기화를 쏘면 불을 때어 밥을 지으라는 신호로 사용되었다. 혹은 밤이 되어 영문을 닫은 뒤에 기화를 쏘면 등불을 밝히라는 신호로도 사용되었다. 자료에 따라 기화전(起火箭)으로 표기된 경우가 있는 것으로 보아 기화는 기화전의 약자였음을 알 수 있다. 그 형태 등이 조선전기의 신기전과 비슷하여 『연병지남』의 언해에서는 '신긔전'으로, 『역어류해(譯語類解)』에서는 '싱긔젼'으로 풀이하였다.[22]

---

22 『譯語類解』 軍器 「起火箭」.

화전과 기화는 화약을 채운 길이 7촌(약 15cm)의 화통(火筒)을 화살대에 부착하고 화약을 연소시켜 그 추력으로 발사하도록 하였는데, 화살대의 길이는 3~7척 정도로 일정하지는 않았다. 화전은 앞에 길이 5촌(10cm)의 쇠촉을 달았는데 평소 당파수가 지니고 있다가 발사할 때에는 당파의 3개 창날이 형성하는 평면에 화전을 걸고 사격하였다. 화전과 기화는 발사 시 화살의 궤적에 따라 많은 양의 연기와 불꽃이 일어나 적에게 위압감을 주었을 뿐만 아니라 화전은 그 관통력이 1치(약 3cm) 두께의 나무를 뚫고 철갑을 관통할 수 있을 정도로 위력이 컸다. 다만 발사 시 궤적이 일정하지 않아 조준 사격은 어려웠다. 그러나 대규모 병력을 향해 사격할 경우에는 적군을 크게 혼란에 빠뜨릴 수 있다는 점에서 전투 시 매우 유용하였다.[23]

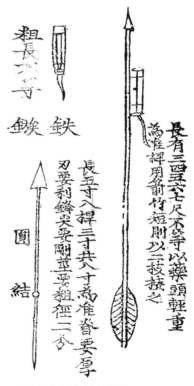

그림 24 『기효신서』의 화전

23 『기효신서』 권3, 수족편 「火箭解」.

추인은 짚 등을 묶어서 사람 모양으로 만든 군사용 허수아비 인형으로서 조선전기에는 무과에서 주로 말을 타고 창술을 행하는 무예인 기창(騎槍) 과목의 타격 대상으로도 사용되었다. 그러나 『연병지남』에서는 훈련 시에 가상 표적으로 추인을 설치하고 화살 쏘는 연습을 실시하였다.

> 푸른[藍] 고초기를 군사들 5보 앞에 세우고 단파개(單擺開) 나팔을 불면 궁수(弓手)는 일제히 나와 일렬[單列]로 서며, 천아성 나팔을 불기를 마치면 일제히 추인에게 (화살을) 쏜다. 솔발을 흔들거든 대(隊)를 거두고 추인을 철거하며 화살을 거둔다. 적군이 나아와 전차 앞에 이르면
> 立藍招於兵前五步 吹單擺開 弓手 齊出單列 吹天鵝聲畢 齊射芻人 捧鈸收隊 撤芻拾箭 賊進至車前

푸른색 고초기와 단파개 나팔의 신호에 따라 궁수가 일렬로 늘어선 이후 사격을 알리는 천아성 나팔에 따라 훈련 표적인 추인에게 일제히 사격한 이후 궁수대를 거두고 추인과 화살을 수거한다. 이어서 가상 적군이 전차 앞까지 전진하는 상황을 만들게 된다.

호포를 들어 한 번 쏘고 북을 천천히 치고[點鼓] 푸른색·붉은색·흰색 대기(大旗)로 세 방면으로 가리키면[點] 전차와 기병과 보병의 세 장수들이 모두 기에 호응[應][25]한다. 북을 아주 빠르게 치고[擂鼓] 천아성 나팔을 불면 거병(車兵)은 수레를 밀고 보병이 수레에 붙으면 뒤에 있는 기병은 좌·우위(左右翼)로 나뉘어 원앙진(鴛鴦陣)을 이루며 달려 나간다. 북을 빠르게 치고 천아성 나팔을 연이어 끊어지지 않게 불고 함성을 지르며[吶喊] 나아가 싸운다. 이때 앞쪽에 있던 복병[前伏兵]의 안으로 들어오면, 급히 솔발을 울리고 순시기를 흔들면 앞 복병이 옆에서 돌격하여 싸우면 적군이 패배한다.

擧號砲一聲點鼓 點藍紅白大旗三面 車騎步三將 皆應旗 擂鼓吹天鵝聲 車兵推車 步兵附車而在後 騎兵分爲左右翼 以鴛鴦馳出 擂鼓天鵝 連連不絕 吶喊進戰 至於前伏之內 急捽巡視旗 前伏之兵 橫突作戰 賊敗

이 절은 적군이 전차에 접근하면 거병, 보병, 기병이 전차를 중심으로 싸우는 모습을 묘사한 장면이다. 호포를 쏘고 북을 치면서 푸른색·붉은색·흰색의 세 가지 대기(大旗)를 세 방면으로 가리켰다 다시 일으키면 적군을 공격하라는 신호가 된다. 거병은 전차를 앞으로 밀며 적군을 압박하고 보병은 전차에 붙어 전차를 엄호한다. 이때 뒤편에 있던 기병들이 전차의 좌우에서 일렬로 달려 나가 적군을 공격하는 모습이 잘 나타나 있다. 북을 계속 울리고 천아성 나팔을 연속으로 불면서 함성을

---

24 차례로 이어 답한다는 뜻(『병학지남연의』 권 1, 99쪽).

<표 1> 대기의 바탕 및 테두리 색과 방위

오방기	바탕	테두리	방위
주작기	홍	청	前
청룡기	청	흑	玄
등사기	황	적	中
백호기	백	황	右
현무기	흑	백	後

출처: 박금수, 2013, 『조선후기 陣法과 武藝의 훈련에 관한 연구』, 서울대학교 박사학위논문, 51쪽 표 5 인용.

지르며 전투를 하는 동안 앞쪽에 배치되어 있던 복병들이 적군의 옆쪽에서 달려들어 적군을 기습하여 격퇴하는 모습을 잘 보여준다.

대기(大旗)는 다섯 방위를 가리키는 큰 깃발인 오방기(五方旗)로서 주작기, 청룡기, 백호기, 등사기, 현무기를 뜻한다. 깃발은 사방 5척의 크기로 깃대의 길이는 1장 5척(약 3m)이다. 오방기의 바탕색은 그 방위의 색깔을 띠고 중앙에는 각 방위별로 주작, 청룡, 백호, 등사, 현무 등의 신기한 동물[神物]을 그려져 있다. 기의 테두리에는 바탕색과 상생(相生)하는 색깔을 넣는데, 예를 들어 남쪽을 가리키는 주작기의 바탕은 홍색이고 테두리는 청색이다. 대기의 바탕 및 테두리 색과 방위를 정리하면 〈표1〉과 같다.

오방기는 고초기와 함께 운용하여 해당 방위의 부대에게 일정한 움직임을 지시하는 데 사용되었다. 뇌고(擂鼓)란 북을 아주 빠르게 치는 것을 말한다. 원앙처럼 달려 나간다는 것은 원앙새가 언제나 짝을 지어 다니는 것처럼 2열 종대로 달려 나간다는 것을 의미한다.

참고로 깃발 신호에 따른 동작은 다음과 같이 구분한다.[25] 『병학지남』에서는 깃발 신호를 크게 세워놓는 입(立), 눕혀놓는 언(偃), 가리키는 점(點), 휘두르는 마(磨)로 구분하였다.[26] 『병학지남연의』에서는 이를 좀 더 세분하여 점(點)과 지(指)를 구분하였는데, 깃발을 점(點)한다는 것은 어떤 방향을 향해 깃발을 기울이다가 지면에 닿기 전에 다시 드는 것을 말한다.[27] 이에 반해 한 방향으로 가리키고 있는 것을 지(指)라고 한다.

깃발을 휘두르는 것에도 마(磨)와 휘(麾)의 구분이 있다. 마(磨)는 깃발을 왼쪽으로 휘두르는 것이고, 휘(麾)는 깃발을 오른쪽으로 휘두르는 것을 말한다.[28] 깃발을 휘두르는 방향이 왼쪽 또는 오른쪽이라는 것은 어느 방향에서 보아도 구별할 수 있어야 하므로 기수의 머리 위로 가상의 수직선을 세우고 이를 중심으로 깃발이 왼쪽으로 회전하는지, 오른쪽으로 회전하는지를 말하는 것으로 보인다. 특히 인기(認旗)의 경우 마(磨)하면 휘하 지휘관들을 부르는 것이고, 휘(麾)하면 다시 제자리로 돌

---

25 박금수, 2013, 『조선후기 陣法과 武藝의 훈련에 관한 연구』, 74쪽.

26 『병학지남』권1, 「明旗應」 '用旗之法 植曰立 伏曰偃 指曰點 搖曰磨'.

27 『병학지남연의』권1, 「明旗應」편 '圖說 不至地而復起曰點, 至地而後不起曰指'. '점(點)'을 보다 쉽게 표현하면 깃발을 한 방향으로 끄덕거리는 것을 말한다. 점(點)과 지(指)의 깃발 운용법은 조선전기의 오위진법에서도 동일하게 설명하고 있다. (국방부 전사편찬위원회 編, 1983, 『병장설·진법』, 202쪽 참조)

28 "舊說左揮爲磨 右揮爲麾 磨象天道 麾象地道"(『병학지남연의』권1, 「明認旗號」)

〈표 2〉 깃발 신호와 동작

깃발 신호	동작
입(立)	깃발을 세운다.
언(偃)	깃발을 눕힌다.
점(點)	깃발을 (특정 방향으로) 끄덕인다.
지(指)	깃발을 (특정 방향으로) 가리킨다.
마(磨)	왼쪽으로 휘두른다.
휘(麾)	오른쪽으로 휘두른다.
권(捲)	깃발을 말아둔다.
응(應)	상급자의 깃발 신호를 반복한다.

려보내는 것이니[29] 확실하게 구분할 수 있어야 한다. 깃발의 신호, 동작을 정리하면 〈표 2〉와 같다.

북을 치는 것은 기본적으로 이동하라는 의미로서, 신호용으로 북을 치는 방법은 상황에 따라 여러 가지가 있었다.[30] 북을 천천히 치는 것을 점고(點鼓)라고 한다. 북소리 한 번에 20보를 이동한다. 점고보다 북을 빠르게 치는 것을 긴고(緊鼓)라고 하는데 북소리 한 번에 1보를 이동한다. 북을 매우 빠르게 마구 치는 것을 뇌고(擂鼓)라고 하는데 이는 나아가 싸우라는 뜻이다.

---

29 국방군사연구소 編, 『병학지남연의』 권1, 109쪽.

30 박금수, 2013, 앞의 논문, 76쪽.

> 징을 세 번 쳐서[鳴金] 싸움을 그치게 한다. 솔발(捽鈸)을 울리면 전차
> 기병, 보병 및 앞쪽의 복병들이 일시에 대오를 거두어들인다[收隊].
> 징을 치면 뒤를 향해 수십 보를 물러나 돌아온다. 그러면 연달아 징
> 을 두 번 치고 호랑이 소리를 내면서 서 있는다.
>
> 鳴金三下止戰 捽鈸車騎步及前伏之兵 一時收隊 鳴金退回至數十步
> 連鳴金二聲 虎聲立定

이 절은 적의 공격을 물리친 후 전투 대형을 만들어 적군을 밀며 공격하던 위치로 돌아오는 모습을 보여주는 것이다. 앞서 전차를 밀면서 적군을 압박하고 기병이 돌격하고 앞쪽의 복병이 옆에서 들이치는 등의 전투 행위를 통해 적군을 물리친 이후 징을 세 번 쳐서 전투를 그치고 대오를 거두어 들이면서 뒤로 물러나면서 본래의 자리로 돌아온다. 『병학지남』 등의 자료에 따르면 이때 무기를 앞으로 향하고 몸과 허리는 뒤로 향한 상태로 뒤로 물러나는 것으로 기록되어 있다(『병학지남』 권5, 장조정식 「後層出戰」). 『연병지남』에서도 아마 이러한 형태로 뒤로 물러났을 것으로 보이는데 이는 뒤로 물러나는 동안 적군의 기습에 대비하기 위한 동작이라고 할 수 있다.

여기서 등장하는 금(金)이라는 악기는 크게 소금(小金)과 대금(大金)으로 나뉘는데, 대금은 오늘날의 징과 같은 것이고 소금은 오늘날 꽹과리로 해석하지만 실제 모양은 불교 음악에서 사용되는 광쇠와 비슷하다고 한다. 명금(鳴金)은 일반적으로 징을 쳐서 울린다는 의미로 사용되었다.[31]

---

31 이숙희, 2007, 앞의 책, 태학사, 156~157쪽.

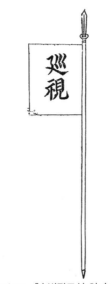

그림 26 『속병장도설』의 순시기

교봉(交鋒)이란 근접전 무기인 단병기로 근거리에서 적군과 칼날을 맞대며 교전하는 것을 의미한다. 이와 비슷한 용어로 영봉(迎鋒)이 있는데 이는 활 등 원거리 병기인 원병(遠兵)으로 떨어져서 전투하는 것으로 구분된다.

징을 세 번 쳐서 싸움을 그치고 이어 솔발(捽鈸)을 울리면 전차, 기병, 보병 및 뒤에 있는 복병을 일시에 대오를 거두어들인다[收隊]. 징을 울리면 물러나서 원래의 자리[原地]로 돌아온다.

鳴金三下止戰 捽鈸 車騎步及後伏 一時收隊 鳴金退回至原地

이 절은 적군을 물리치고 나면 전차와 각 군사들의 대오를 일제히 거두어들이고 최초 대열을 갖추었던 곳으로 물러나는 모습을 보여주고 있다. 『병학지남』과 같이 포수와 살수 등 보병을 중심으로 편성된 전술체계인 경우는 앞뒤 두 횡대 대열인 전층(前層)과 후층(後層)이 흩어지지 않도록 각 층이 교대로 뒤로 물러난다. 그러나 『연병지남』의 경우에는 전차와 기병이 함께 편성되어 있으므로, 두 횡대 대열보다는 전차를 중심으로 보병이 대열을 갖추어 물러나고 기병은 기동성이 있으므로 상황에 맞게 물러나게 한 것 같다.

적군이 산림(山林), 촌옥(村屋), 맥전(麥田), 계학(溪壑)[33] 등(이 쓰여진) 패(牌)를 임의로 펼쳐 꽂아두고 (우리에게) 달려들어 공격해 온다. 그리고 아군을 끌어들여 거짓으로 물러간다. 그러면 우리 병사들은 기병(奇兵)으로 좌우에서 (적의) 복병이 있는지 살핀다. 무릇 (산림 등의 글자가 쓰여진) 목패(木牌)를 만나면 함성을 지르고 (이곳을) 에워싸서 서며 전차, 기병과 보병은 지름길로 쫓아 힘써 싸우니 적군이 패한다.

---

33 물이 있는 골짜기를 溪라고 하고 물이 없는 골짜기는 壑이라 함.

> 賊以山林村屋麥田溪壑等牌 任便列揷 馳突來侵 引我佯退而去 我兵
> 以奇兵 左右搜伏 凡遇木牌 訥喊圍住 車騎步三兵 徑迢鏖戰 賊敗

이 절은 전투에서 패배한 적군이 산림이나 보리밭, 계곡 등과 같이 복병을 숨길 수 있는 곳을 가상으로 설정하고 이곳에 적군이 복병을 둔 경우 추격하는 우리 군사가 이에 대처하는 상황을 묘사한 것이다. 산림이나 골짜기와 같은 곳은 적의 복병이 있을 수 있는 곳으로 적군이 거짓으로 아군을 이곳으로 끌어들여 공격할 수 있으므로 이를 가정하여 적을 추격하다가 복병이 숨을 수 있는 장소를 표시한 패를 만나면 기병(奇兵)으로 이곳을 포위하고 전차 및 기병, 보병은 지름길로 들어가 적군을 공격하는 전술을 보여주고 있다.

기병(奇兵)과 정병(正兵)은 다양한 뜻으로 사용된다. 기본적으로 군사의 운용은 기병과 정병으로 나뉜다. 정병은 적과 마주하여 싸우는 군사나 부대를 의미하며 기병은 좌우 양쪽에서 나와 공격하는 군사나 부대를 가리킨다. 따라서 『손자』에서는 "정병으로 합전(合戰)하고 기병으로 승리한다"라고 하였다(『손자』 권 5, 「兵勢」).

> 득승고(得勝鼓)를 치고 태평소[瑣吶]를 불면 전차와 보병은 앞에 서고
> 기병은 뒤를 막으며[殿後] 최초 장소[原地]로 돌아온다. 그리고 영전(令
> 箭)을 보내어 수복병(搜伏兵)을 불러들인다.
> 打得勝鼓 吹瑣吶 車步居前 馬兵殿後 回原地 送令箭 招搜伏兵

이 절은 전투에서 승리한 이후 개선가를 울리며 원래 진영이 있던 자리로 돌아오고 앞으로 내보냈던 수색병이나 복병을 불러들이는 모습을 보여준다. 득승고는 북의 가장자리를 두 번 치고 북의 중앙을 한 번 치는 연주이다. 전투에서 승리하여 개선가를 부르며 회군할 때 치는 것으로 승리의 기쁨을 나타내는 것이다. 태평소는 호적(胡笛), 쇄납 등으로 불리는 서아시아 지역이 원산인 악기로 고려말 조선초에 전해진 것으로 알려져 있다. 이는 일곱 구멍으로 된 피리로서 군중(軍中)에서 신호로 사용하므로 호적(號笛)이라고도 한다. 태평소는 군영 지휘를 위한 일종의 통신수단으로 이용되거나 행진 음악을 연주할 때 많이 사용되었다. 원지(原地)는 진영을 세웠던 최초의 장소를 의미한다.

> 중군(中軍)이 공과 죄(功罪)를 조사하여 살피고 이어 조련을 마치고 하직한다(謝操). 징을 세 번 울리고 황기(黃旗)를 흔들고서 조련을 해산하게 된다[散操].
> 中軍 査功罪 謝操 鳴金三聲 揮黃旗 散操

이 절은 최초 진영으로 돌아와 전투 중의 공과 죄를 살펴, 공이 있는 자에게 상을 내리고 죄가 있는 자에게 벌을 내리고 이어 조련을 마치는 모습을 보여준다.

> 이상의 내용은 작은 규모의 조련[小操]에 사용하는 것이다.
> 右用之小操

보병의 삼재(三才), 양의(兩儀), 원앙진(鴛鴦陣) 훈련은 모두 『기효신서』의 도식(圖式)에 따르며, 마병(馬兵)이 돌격하여 쫓아가는 연습도 보병의 훈련을 참조한다.

步兵三才兩儀鴛鴦之練 一從新書圖式 馬兵馳逐之習 亦照步兵

전투할 때 보병과 기병의 훈련 방법 및 대형은 기본적으로 『기효신서』에 제시된 삼재진 등의 진법에 따른 것임을 밝히고 있다. 삼재란 천·지·인(天地人)을 의미하는데, 삼재진은 보병의 1대를 3대로 나누어 적군을 넓은 정면에서 공격하는 진법을 의미한다. 예를 들어 살수대로 이루어진 삼재진의 경우 장창수 2명이 등패수 1명과 함께 좌우에 서서

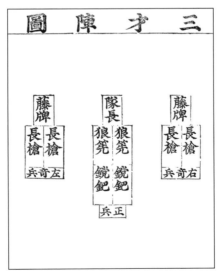

그림 27 『병학지남』의 삼재진

기병(奇兵)이 되고 낭선수 2명과 당파수 2명이 중앙에서 정병(正兵)이 되어 좌우로 넓게 벌려 서서 적을 공격하는 진형을 갖추게 된다.

양의진(兩儀陣)은 1대를 2개의 오(伍)로 나누어 1개의 오에는 등패수 1명과 낭선수 1명이 나란히 앞에 서고 장창수 2명이 나란히 뒤에 있으며 그 뒤의 중앙에 당파수 1명이 서는 진형이다. 2개의 오가 좌우에 모여 적군을 공격하거나 방어하게 된다. 양의진은 일명 매화진(梅花陣)이라 하기도 한다.

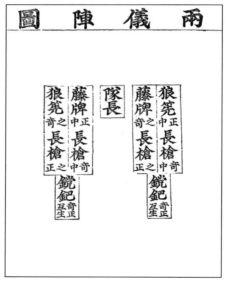

그림 28 『병학지남』의 양의진

원앙진 혹은 원앙대는 앞서 보았듯이 『기효신서』의 기본 진형으로 2열 횡대로 군사가 서고 대의 지휘관인 대장(隊長)은 선두의 중앙에, 취사병인 화병(火兵)은 후미의 중앙에 위치한다. 두 사람씩 함께 대오를 이루는 모습이 마치 암수 한 쌍이 나란히 붙어 다니는 원앙새와 닮았다고 하여 붙여진 이름이다. 이 진법은 척계광이 독창적으로 개발한 것으로 논이 많은 중국의 남방 지역에서 효과적으로 운용될 수 있는 진형이었다고 한다.

그림 29 『병학지남』의 원앙진

삼가 일찍이 생각하건대 병(兵)이란 것은 나라의 대사(大事)요, 농(農)이라는 것은 백성을 살리는 대명(大命)이다. 오직 이 두 가지는 하나라도 없어서는 안 되는 것인데, 우리나라를 돌아보건대 병농(兵農)이 나누어지지 않아 이른바 군병(軍兵)은 모두 논밭[田畝]의 농민이므로 결코 군사 훈련으로 인해 농사를 방해해서도 안 되며 농사를 폐하고 훈련하여서도 안 된다.

그러므로 각 고을[各官]에서는 수하의 사환(使喚) 약간인으로 먼저 전차, 기병, 보병의 훈련대[敎隊]를 편성하여 매일 아침 수령이 출근[坐衙]하기 전에 이 작은 규모의 조련절목[小操節目]을 가지고 먼저 한 차례 훈련하게 한다. 만일 아침 전에 사정이 생기면 출근할 때에 한 차례의 조련을 파하여도 무방하다. 만일 혹 고을이 쇠잔하고 사람이 적어 전차, 기병, 보병의 훈련대[敎隊][34]를 모두 설치할 수 없으면 오늘은 전차를 훈련하고 다음날은 보병을 훈련하고 또 그 다음날은 기병을 훈련하되 각 아일(衙日) 사람이 많이 모일 때 전차, 기병, 보병을 모두 훈련하는 것이 좋을 것이다. 훈련대[敎隊]를 훈련시키고 나서 각 마을을 나누어 교육시키면 병(兵)이 농(農)에 들어있어 향리(鄕里)에서 나가지 않고도 훈련법은 시행될 것이니 이는 『오자(吳子)』(「치군(治軍)」편)의 "한 명으로써 10인을 가르치고 10인으로써 100인을 가

---

34 衙日: 임금과 여러 신하들이 모여 조회를 하고 정사를 보는 날로서 시기별로 변화가 있었다. 兩衙日(초 6일, 16일), 四衙日(초 5일, 11일, 21일, 25일), 六衙日(초 1, 초6일, 11일, 16일, 21일, 26일)로 규정하였는데 『경국대전』에서는 사아일을 규정하고 있다.

르친다"는 뜻과 같다. 무릇 각 마을[里]의 군사는 그 다소를 헤아리고 그 도리(道里)를 고르게 하여 별도로 평탄한 곳을 가려 모두 교장(教場)을 설치하고 매월 초하루와 보름[朔望]에 일제히 모아 연습하게 한다. 이날에 이르러 수령은 제비를 뽑아 각 면(面)에 직접 가서 점검하고 시험하며 그 공죄(功罪)를 조사하여 상벌을 시행하면서 백성의 어려움[民瘼]을 찾고 아울러 농사를 권장하면 농사를 폐(廢)하지 않고 전(戰)을 잊지 않게 될 것이니, 『위료자(尉繚子)』「병교(兵教) 상(上)」의 "향리(鄉里)에 전투를 가르침에 판자로 북을 만들고 기와로 징을 만든다"는 것이 또한 이 뜻이다. 그러나 이는 바로 내지(內地) 각 고을이 농사철[農時]에 행할 수 있는 법이니 만일 농사철이 아니면 비록 내지라도 어찌 한 달에 두 번 훈련하며 그칠 것인가? 하물며 변경[邊上]의 변란에 대비하는 곳에는 모두 입방(入防)하는 군졸이 있으니 마땅히 연습하는 것은 당하여 농사철을 헤아리기는 어렵기 때문이다. 비록 성지(城地)의 긴급한 역(役)이 있더라도 결코 조련을 완전히 폐할 수는 없으니 혹 3일에 한 번 조련하거나 혹 5일에 한 번 조련하며 혹 아침 전에 조련에 들어가서 아니면 아침 후에 역에 나아가는 것은 잊어 버려서도 안 되고 억지로 이루려 해서도 안 되니[勿忘勿助] 마침내 효험을 거두는 것이 좋을 것이다.

또 조련(操練)과 비교(比較)는 같지 않은데, 비교라는 것은 각 기예를 시험하는 것을 이르고, 조련이라는 것은 그 영진(營陣)을 익히는 것을 이른다. 무릇 영진과 기예[營藝]를 모두 익힌 연후에야 가히 전투를 할 수 있는데, 만일 영진을 익히지 않으면 각 인의 기예가 비록 매우 정교하고 숙련되어[精熟] 있다고 하더라도 그 무엇으로 심력(心力)을 모아 강한 적을 제어할 수 있겠는가? 이 때문에 옛 사람들은 병(兵)을 가르침에 영진(營陣)을 먼저 익히지 않은 적이 없었으니, 『주례(周禮)』에 이르기를 "왕이 로고(路鼓)를 잡는다"는 것이나 『사기』에 이르기를 "오왕 합려(闔閭)가 그 사랑하는 궁빈(宮嬪)을 내어 전투를 익히게 하였다"하였으니 그 전법(戰法)을 중하게 여긴 것이 이와 같이 그렇게 지극하다. 어찌 천하 국가의 존망과 성패(成敗)가 모두 이에 달려 있지 않겠는가? 지금 훈련이라고 이름 삼는 것은 바로 전법이 무슨 일을 하는 것인지 모르는 것이니 단지 그 활, 총, 검과 창의 기예를 시험하며 스스로 훈련이라고 이르는 것이니 가히 잘못되었다고 할 것이다. 지금부터 도내의 수령과 변방의 장수[邊帥]들은 힘써 옛 관습을 고치고 따로 새로운 과목을 세워 각각 거느리는 병사가 많고 적음을 논하지 말고 날마다 영진의 조련을 일삼고 조련을 마치면 시재(試才)하는 것도 본래의 법도와 같이 한다. 만일 조련과 비교를 합하여 하나로 되면 군무(軍務)의 다행스러운 것이 될 것이다.

竊嘗念之 兵者 國之大事也 農者 生民之大命也 惟此二者 不可闕一 而顧我國家 兵農不分 所謂軍兵 皆是田畝之農民也 切不可以練妨農 亦不可以農廢練 各官以其手下使喚若干人 先設車騎步教隊 每朝坐衙 之前 將此小操節目 先練一次 若朝前有故 則坐衙臨 罷一習之無妨 倘 或邑殘人少 車騎步教隊 不能並設 則今日練車 明日練步 又明日練騎 至各衙日稠集之時 並練車騎步可也 旣練教隊 分教各里 則兵藏於農 不出鄕里練法行矣 此卽吳子 以一敎十 以十敎百之意也 凡各里之軍

量其多少 均其道里 別擇平曠之處 皆設敎場 每月朔望 齊聚練習 至於
是日 守令抽柱 各面親往點試 查其功罪 以行賞罰 仍訪民瘼兼勸農事
則可以不廢農 不忘戰矣 尉繚子 鄕里敎戰 以板爲鼓 以瓦爲金者 亦此
意也 然此 則內地各官農時可行之法也 若非農時 則雖內地 豈可一月
再練而止哉 悅邊上待變之處 皆有入防之卒 則當常以練習 不可計其
農時也 雖有城池緊急之役 決不可全然廢操 或三日一操 或五日一操
或朝前入操 朝後就役 勿忘勿助 終收其效 可也 且操練與比校不同 比
校者 試其各藝之謂也 操練者 習其營陣之謂也 夫營藝兼習然後 可以
爲戰 若不練其營陣 則各人技藝 雖極精熟 其何以一乃心力 以制强敵
乎 是以 古人敎兵 莫不先習營陣 周禮日 王執路鼓 史記云 吳王闔閭
出其所愛宮嬪 以習戰 其所以重其戰法如此其至者 豈不以天下國家之
存亡成敗 皆繫於此乎 今之以練爲名者 則不知戰法之爲何事 只是試
其弓銃劍鎗之藝 而自以爲練 可謂惧矣 自今 道內守令邊帥 力改故習
別立新課 各以所領之兵 母論多寡 日事營陣之操 操畢試才 亦如本法
使操練比校 合而爲一 則軍務之幸也

거기보대조절목
(車騎步大操節目)

전차, 기병, 보병의
대규모 조련의 절목

앞 장까지의 내용은 전차, 기병, 보병의 작은 규모의 군사를 운용하는 훈련[小操]인 것에 비해 이하의 내용은 대규모 군사를 운용하는 훈련인 이른바 대조(大操)의 절목이다.

조련이 있기 하루 전에 패(牌)를 달아 (조련이 있음을) 전달하여 알린다.
操前一日 懸牌傳知

조련이 있기 전에 이를 알리는 패인 조패(操牌)를 달아 두는데, 그 형태는 호랑이 머리가 그려진 패[虎頭牌]이다.

다음날 첫 번째 나팔[頭號]35을 불면 밥을 지어 먹는다. 징의 가를 쳐
서 당마(塘馬)와 가량마(架梁馬)를 내어 보내어 앞서 가게 하고, 초탐마
(哨探馬)는 좌, 우, 뒤에서 나누어 가도록 한다.

次日頭號做飯喫 鳴金邊 發遣塘馬架梁馬前行 哨探馬 分行左右與後

조련 당일에 첫 번째 나팔인 두호를 불면 군사들은 기상하여 짐을 챙
기고 밥을 먹은 이후 신호에 따라 훈련장으로 간다. 이때 먼저 당마와
가량마를 내어 보내는데 당마와 가량마는 연락병인 당보군이나 척후
기병[候騎]이 타는 말이다. 초탐마는 척후병인 초탐병이 타는 말을 의미
한다. 당보군과 척후병은 본진의 앞에, 초탐병은 본진의 좌우, 뒤쪽에
달려나가 경보한다.

이호(二號) 나팔을 불면 기병과 보병은 교장(敎場)으로 가서 전차(戰車)
와 포차(砲車) 두 수레의 사이에 벌려서 동서로 나누어 선다. 보병은
전차에 붙고 마병은 장대(將臺)의 좌우에 가로로 벌려 선다.

二號 騎步往敎場 戰砲二車 相間列立 分箚東西 而步附於車 馬兵 則
橫列將臺左右

---

35 두호란 첫 번째로 나팔을 부는 것을 이르며, 병사들이 기상하여 행장을 챙기고 취
사하라는 신호이다.

이 절은 이호 나팔에 따라 기병과 보병이 교장에 들어가 대열을 펴는 모습을 보여준다. 『연병지남』에는 이 모습에 대한 그림은 보이지 않지만 『병학지남』이나 『병학통』의 진도 「입교장열성항오도(入敎場列成行伍圖)」를 보면 교장의 중간에는 '마로(馬路)'라고 하여 지휘를 맡은 대장(大將)이 입장하는 길이 있으며 마로의 좌우로 군사들이 벌려 서 있다. 『연병지남』에서도 이와 비슷하게 전차와 포차 등이 벌려 서 있을 것이고 이어 입장한 보병들은 전차에 붙어 도열한 것으로 보인다. 마병은 입장하면서 가장 안쪽 주장이 서는 장대의 좌우에 횡으로 도열하게 된다.

그림 30 『병학지남』의 「입교장열성항오도」

> 삼호(三號) 나팔을 불면 대장(大將)이 일어나서 나오고 징을 두 번 치
> 고 대취타(大吹打)를 불면 기치(旗幟)는 3열로 나눈다.
> 三號 大將起出 鳴金二下 大吹打 旗幟 分三行

이 내용은 삼호 나팔을 분 이후 대장이 군사들이 도열한 교장에 입장
하기 전 준비하는 모습을 보여주는 것으로, 이때 각종 깃발들은 3열 종
대로 열을 갖추고 교장으로 들어갈 대형을 갖춘다. 대장이 입장할 때
각종 깃발은 그 앞에 행렬을 이끄는데 대장이 교장에 입장하기 전 그
입구에 도열하고서 대장을 기다리는 모습을 보여준다.

> 대장(大將)이 영의 초입[營頭]에 이르면 호포(號砲)를 쏘고 천아성 나팔
> 을 불며 깃발을 끄덕인다[點]. 그러면 군사들이 고함을 각각 세 차례
> 지르며 중군(中軍) 이하(의 지휘관)는 원위치[信地]에서 무릎을 꿇고 대장
> 을 맞이한다.
> 大將 行至營頭 號砲天鵝點旗 吶喊各三次 中軍以下 信地跪迎

이 절은 대장이 교장으로 입장하는 모습을 보여주고 있다. 대장이 교
장의 입구에 이르면 신호용 총통인 호포(號砲)를 쏘고 천아성 나팔을
불며 깃발을 움직여 대장을 영접하고 군사들이 고함을 질러 군대의 용
맹함을 과시하게 된다. 군사들이 고함을 지르면 말에 타거나 서 있던
중군 이하의 지휘관들은 모두 무릎을 꿇고 앉아 예를 갖추어 대장을 맞
이한다. 중군 이하의 지휘관은 일반적으로 초(哨)의 지휘관인 초관(哨

官) 이상까지를 의미한다.

신호용 총통인 호포로는 보통 세 개의 총
열을 붙어 있는 소형 화기인 삼안총(三眼銃)
을 사용하는 것이 일반적이다. 호포로서 삼
안총을 사용하는 이유는 이 총은 각 총열
에 미리 화약과 탄환이 장전되어 있어 상황
에 따라 연달아 호포를 쏘아야 하는 경우에
곧바로 발사할 수 있어 다양한 신호를 내는
데 편리하고, 가벼워서 휴대하기 편리하며
아울러 장전과 발사가 신속하기 때문이다.

그림 31
『속병장도설』의 호포(삼안총)

> 대장이 장대(將臺)에 도착하려 하면 징의 가장자리를 치고 (3열 중) 가
> 운데 줄의 기치는 (좌우의) 두 가로 나뉘어 들어가 가운데 길[中路]을
> 연다.
>
> 大將 將至將臺 鳴金邊 中行旗幟 分入兩邊 開中路

이 내용은 대장의 행렬이 장대 앞에 도달하면 징의 가장자리를 쳐서
행렬 앞에 3열로 이동하던 기치 중 가운데 대열이 좌우의 열로 나뉘어
들어가 도열하는 광경을 보여준다. 이어 중간의 길을 열어 주장이 장대
로 올라갈 수 있도록 한다.

> 대장이 말에서 내리면 징을 세 번 쳐서 취타 연주를 그친다.
>
> 大將下馬 鳴金三下 吹打止

대장이 장대에 오르기 위해 타고 들어온 말에서 내리면 징을 세 번 쳐서 입장하는 동안 울리던 취타 연주를 그치게 한다.

> 대장이 (장대에 올라) 앉거든 각종 깃발과 독(纛), 징과 북은 나뉘어 열을 지으며 소취타(小吹打)를 울린다. 징을 세 번 치면 취타를 그친다.
>
> 大將坐定 旗纛金鼓分列 小吹打 鳴金三下 吹打止

대장이 장대에 올라 앉으면 그 앞에 각종 기치와 징과 북 등이 나뉘어 정렬하는 모습을 보여준다. 독(纛)이란 매우 특이한 형태의 깃발로 행군 시에 총대장의 뒤에 정지해 있을 경우에는 왼쪽에 위치하는 깃발이다. 독기 또는 좌독기(坐纛旗)라 하기도 하는데, 크기는 사방 10척(약 2m)이며 깃대의 길이는 16척(약 3.2m)에 달한다. 검은 비단으로 중앙을 만들고 흰 비단으로 가를 만들며 끈의 위에 붉은 술을 달아 화려하게 꾸민다. 반차도의 그림과 달리『속병장도설』에는 중앙에 태극(太極), 팔괘(八卦), 낙서(洛書)가 그려진 깃발이 덧붙여진 독기도 보인다.

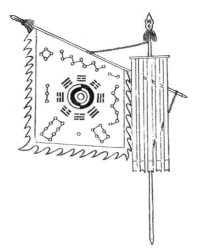

그림 32 『속병장도설』의 좌독기

그림 33 『원행을묘정리의궤』 반차도의 독기

자료 출처: 규장각한국학연구원 (Kyujanggak Institute For Korean Studies)

취타(吹打)란 호적과 나팔을 불고[吹] 징과 북 등을 두드리는[打] 군악 연주를 통칭하여 이르는 말이다. 주장이 장막에 오르거나 영문(營門)을 열고 닫을 때 취타를 연주하는데 사용하는데 이는 주장의 위엄을 높이기 위함이다. 취타는 소취타와 대취타로 구분하는데, 이 구분은 그 쓰임의 경중에 따른 것이라는 설과 주장(主將)의 위치에 따른 것이라는 설이 있다. 쓰임의 경중에 따라 사용하는 사례가 없는 점에서 주장이 아문(衙門)에 있으면 소취타라 칭하고 장대에 오르면서 취타하면 대취타라 한다는 해석이 있으나 분명하지 않다.[36] 오히려 정조(正操) 때에 지휘관과 병사들이 신지(信地)로 돌아오라는 신호를 사용할 때 또는 영문을 여닫을 때 등에 대취타를 울리고 영문을 조금 열 때 소취타를 울리는 사례가 있는 것으로 보아 훈련 상황에 따라 이름이 붙여졌을 가능성이 있다.

> 중군이 승장포(陞帳砲)를 쏠 것을 아뢰면 (대장의 허락을 받고) 호포(號砲)를 세 번 쏘고 대취타를 연주한다. 그러면 반당(伴倘)이 먼저 "뇌자(牢子)는 모두 모이라"라고 크게 고함을 치면, 뇌자는 크게 세 번 소리지른 다음 순시기(巡視旗)를 엇갈리게 세우고 뇌자 한 명이 나아가 무릎을 꿇고 문을 열라[開門]고 크게 소리친다.
> 中軍 稟陞帳砲 放砲三聲 大吹打 伴倘先喝牢子站齊 大喝三聲 巡視旗 叉立 牢子一名 進跪 大呼開門

---

36 이숙희, 앞의 책, 111쪽; 『병학지남연의』 1, 국방군사연구소, 193쪽.

승장포란 대장이 군막에 나온 것을 알리는 신호포인데, 승장(陞帳)이란 대장이 군막에 나오는 것으로 승장(升帳)이라 하기도 한다. 군사들은 이때 대장을 우러러 보기 때문에 위엄을 보이기 위해 승장포를 쏜 후 즉시 대취타하여 웅장한 군악을 연주하게 한다. 대장이 장대에 오르면 모든 군사들의 동작은 중군이 아뢴 이후 대장의 허락을 받아 명령하여 시행하게 된다. 반당의 반(伴)은 려(侶), 당(倘)은 배(輩)를 의미하는데(『經國大典註解』), 대장의 옆에서 호위하는 호위병이나 사환을 의미하였다.

『연병지남』에서 반당은 대장 옆에 있는 뇌자(牢子) 중의 우두머리로 보인다. 참고로 고려말, 조선초기 사병을 혁파하면서 왕자나 공신, 그리고 당상관에게 개인의 호위병으로 반당을 지급하는 것이 법제화되었다. 이후 반당은 호위병으로서의 기능 이외에 수행인이나 사환으로 역할이 더욱 많아졌다. 뇌자는 군대 내의 죄인을 다루는 군병으로서 오늘날의 헌병과 비슷하다고 할 수 있다. 헌병의 역할 이외에 대장의 옆에서 호위병 역할을 동시에 담당하였다. 군뢰(軍牢)라 하기도 하였다.

그림 34
『원행을묘정리의궤』 반차도의 뇌자(군뢰)
자료 출처: 규장각한국학연구원
(Kyujanggak Institute For Korean Studies)

> 중군이 깃발을 올릴 것[陞旗]을 아뢰면 (대장의 허락을 받아) 나(鑼)와 북
> 을 세 번 치고 곧바로 깃발을 올리고 망기(望旗)를 함께 올린다. 징을
> 한 번 울리면 나(鑼)와 북을 그치고 막속(幕屬)들이 찾아와 알현한다.
> 中軍 稟陞旗 鑼鼓三通 卽陞旗 望旗同陞 鳴金一下 鑼鼓止 幕屬參見

이때 올리는 기는 대장을 상징하는 수자기(帥字旗)이다. 수자기는 사
방 12폭의 매우 큰 깃발이므로 수자대기(帥字大旗)라 하기도 한다. 황색
무명으로 만들며 길이는 16척(약 3.2m)으로, 황색 띠를 매달고 가운데
검은 색으로 '수(帥)' 자를 써 넣는다. 수자기는 대장의 권위를 상징하
는 것으로 교장에서 시행하는 군사 훈련인 장조(場操)의 '승기'하는 절
차에서 올리도록 하였다. 장대 근처에 흙을 쌓아 만든 단 위에 이 깃발

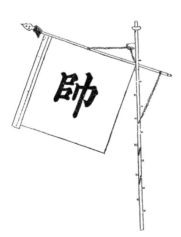

그림 35 『속병장도설』의 수자기

그림 36 『속병장도설』의 대열기

을 올려 이곳에 대장이 있음을 표시하였다. 깃대의 위에는 수레바퀴의 작은 고리를 사용하여 깃발을 올리기에 편리하도록 하였다. 국왕이 친림하여 진법 훈련을 주관할 때에는 수자기 대신 대열기(大閱旗)를 사용하였는데 수자기와 크기는 같으나 바탕은 황색이고 테두리는 홍색으로 중앙에 검은색으로 '대열(大閱)' 두 글자를 써 넣었다. 망기(望旗)는 멀리 바라보아 경보를 알리는 깃발로서 군사들이 이를 보고 방향을 정하는 데 사용하였다고 한다.[37] 막속(幕屬)은 대장 아래의 휘하 지휘관과 참모 등을 의미하는 것으로 보인다.

중군이 장호적(掌號笛)으로 관기(官旗)를 불러 모아 발방(發放)할 것을 아뢴다. (대장의 허락을 받고) 망기(望旗)를 왼쪽으로 한 번 휘둘러[麾] 돌리고 호포를 한 번 쏘며 푸르고, 희고, 누런 세 고초기(高招旗)를 세우며[立] 눕혀 가리키며 다시 세운다[點]. 그러면 전차, 기병, 보병의 세 장수들이 모두 (자신의) 인기(認旗)로서 위에 응(應)하며 아래로 명령한다. 이어 쌍쇄납(雙瑣吶: 태평소)을 불고 청도기(淸道旗)는 양편으로 나누어 내려가면 기병과 보병의 대총(隊總) 및 거정(車正)과 타공(舵工)이 차례대로 따라 와서 열진(列陣)한 끝머리에 도달하면 몸을 돌려[轉身] 위[將臺 방향]를 향하여 온다. 대총은 서로를 향하여 깃발을 숙였다가 장대 아래에 도착하면 바야흐로 세운다. 청도기가 먼저 도착하여 무릎을 꿇고 "관기가 모두 도착하였다"라고 아뢴다.

---

37 望旗 用以瞭望報警 官軍 亦視此向往(『군예정구』 望旗第二十二).

中軍 稟掌號笛聚官旗聽發放 望旗 磨轉一次 放砲一聲 取藍白黃三招
立點 車騎步三將 俱以認旗 應上令下 吹雙瑣吶 清道旗兩邊分下 騎步
隊總及車正舵工 以次隨行 到列陣盡頭 轉身向上 隊總相向低旗 到臺
下方竪 清道先至 跪告官旗到齊

이 절의 내용은 명령을 전달하기 위해 관기(官旗), 즉 중군 아래의 모
든 지휘관들을 대장 앞으로 불러 모으는 동작을 묘사한 것이다. 지휘관
들을 부르는 신호를 하면 이들은 인기로 차례로 호응하고 나서 이들을
선도할 청도기가 마로를 따라 내려가면 기병과 보병의 대총 및 거정,
타공 등이 이를 따르다가 진의 끝 부분에 이르면 몸을 돌려 장대 쪽을
향하여 다시 올라온다. 청도기가 장대 앞에 이르면 도착하였다고 보고
하는 모습을 잘 보여주고 있다.

관기(官旗)란 장관(將官)과 기총 및 대총 등의 각급 지휘관을 의미하는
한자를 합친 것이다. 그동안 관기에 대해 '사령관의 기' 등으로 오역된 경
우가 적지 않은데 이 절의 문맥을 보면 초관 이상의 장관과 기총, 대총을
포괄하는 개념으로 사용되고 있음을 알 수 있다. 대체로 이 시기 장관(將
官)이라는 명칭은 기본적으로 초관(哨官) 이상의 무관을 뜻하였다. 초관
은 조선후기 종9품의 정식 무관 관원으로 임명하였고 그 아래 기총과 대
총(혹은 대장)의 경우에는 무관이 아니라 군사들 중에서 선발하여 임명하
였다.

발방(發放)이란 장관(將官)이 군사들에게 분부하여 군사들이 장관에
게 명령을 들어서 상하간에 의사가 서로 소통하게 하는 것이다. 즉 명

령을 하달하는 것으로 청발방(聽發放)이란 명령을 하달받는 것이라 할 수 있다.

인기(認旗)는 각 단위 부대를 나타내는 깃발로 지휘관이 상급 지휘관의 신호에 호응하고 부하들을 통솔하기 위해 사용하였다. 조선후기의 기본적인 부대 단위인 영(營)-사(司)-초(哨)-기(旗)-대(隊)별로 각각 인기를 하나씩 소지하도록 하였다. 인기의 제도는 그 가운데에 해당 방위의

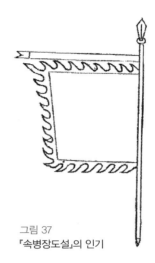

그림 37
『속병장도설』의 인기

색깔을 넣고 그 가장자리는 깃발의 본색(本色)과 상생(相生)하는 색깔을 넣도록 되어 있다. 그리고 깃발 위에 늘어뜨리는 띠는 그 나라에서 숭상하는 색깔을 취하도록 하였다.

오행(五行)에 따르면 오행의 기본인 목, 화, 토, 금, 수(木火土金水)는 각각 해당 방위가 있는데 동, 남, 중앙, 서, 북이 해당된다. 그리고 이는 각각 해당되는 색깔이 있어 중앙은 황색(黃色), 남은 홍색(紅色), 동은 남색(藍色), 서는 백색(白色), 북은 흑색(黑色)으로 표시되었다. 기본적인 오행은 서로 좋아하는 관계가 있는데 이를 상생이라고 한다. 목(木)은 수(水), 화(火)는 목(木), 토(土)는 화(火)를, 금(金)은 토(土), 그리고 수(水)는 금(金)에서 서로 상생한다. 이러한 원리에 따르면 5영의 하나인 전영(前營)을 나타내는 인기는 남방을 의미하는 홍색 바탕에 그 주위에는 청

그림 38 『원행을묘정리의궤』 반차도의 인기와 고수(鼓手) 및 초관
자료 출처: 규장각한국학연구원 (Kyujanggak Institute For Korean Studies)

색을 띠게 된다. 그리고 띠는 조선의 경우에는 목덕(木德)을 숭상하므로 청색을 하는 것이 일반적이다.

가장 큰 영장의 인기는 기폭이 사방 5척(약 1m)이고 깃대는 1장(丈 =10척) 8척(약 3.6m)으로 규정되어 있다. 가장 작은 단위인 대(隊)의 인기는 대장(隊長)의 창에 붙인 것으로는 기폭이 사방 1척(20cm)이며 깃대의 길이는 1장 5척(약 3m)이다. 이 인기를 통해 그 부대가 어디 소속인지를 빨리 알 수 있고 군사들도 이 깃발의 신호를 보고 동작을 취하게 된다. 즉 각각의 군사들은 자신이 속한 대의 깃발을, 대장은 기총(旗摠)의 깃발을, 기총은 초관(哨官)의 인기를 보고 동작을 행할 수 있으므로 일사불란하게 부대를 통제할 수 있다. 그러므로 전투 시 부대간 일어날 수 있는 혼란을 줄일 수 있다.

그림 39 『원행을묘정리의궤』 반차도의 청도기와 각종 깃발
자료 출처: 규장각한국학연구원 (Kyujanggak Institute For Korean Studies)

응(應)한다는 것은 차례로 이어서 답한다는 것으로 명령을 이어 전달하여 마치 메아리가 서로 응하는 것처럼 하는 것으로 상관의 깃발 신호를 반복하여 호응하는 것을 이른다.

태평소는 쇄납, 호적 등 다양한 명칭으로 불렸는데 쇄납은 그 본래 이름이 소르나(sorna)에서 온 것이고 호적은 호족(胡族)이 사용하던 악기라는 뜻에서 유래하였다.[38] 태평소는 각 군의 장관(將官)과 그 이하의 기총 및 대총 등을 모아 명령을 전달하려고 할 경우에 불었는데 이들이 모두 모일 때까지 계속 불어대었다.

청도기는 행군 시에 군의 가장 선두에 나아가는 깃발로 각종 기수의 앞에서 부대를 인도하는 역할을 하며 교장(敎場)에서 훈련 시에는 초관

---

38 이숙희, 2007, 앞의 책, 154쪽.

이상의 장관(將官)과 기총 및 대장 등을 인도하여 대장이 있는 장대(將臺)로 나아가 명령을 들을 때 선도가 되는 역할을 하기도 하였다. 청도기의 제도는 사방 4척(약 80cm)이고 깃대의 길이는 8척(약 1.6m)이며 중앙은 남색, 가장자리는 홍색으로 되어 있다. 깃대 끝에는 꿩의 꼬리[雉尾] 장식을 달고 깃발 중앙에 청도(淸道)라는 글자를 써넣었다.

그림 40
『속병장도설』의 청도기

대총이 깃발을 숙이는 것은 깃발이 멀리 보여 번잡하고 혼란한 것을 피하기 위한 것이며 동시에 휘하의 군사들을 인솔하지 않기 때문이다. 장대 아래에 이르러 깃발을 세우는 것은 대장으로 하여금 대장이 어느 초(哨) 소속인지를 알게 하고자 한 것이다.

> 전하여 이르기를 "일어나라"하면 응하여 대답하고 물러나면 징을 치고 태평소를 그친다.
>
> 傳云起去 應聲退 鳴金笛止

이 절은 장대 앞에 이른 지휘관들에게 중군이 일어나라고 명하면 이에 차례로 이어서 답하고[應] 물러나는 모습을 보여주고 있다.

중군이 전하여 이르기를 "관기(官旗)는 모두 오라"라고 하면 각각 일제히 한소리로 응(應)하고 몸을 돌려 앞을 향한다. 북을 한 번 울리면 차례대로 모두 무릎을 꿇는다[跪].

中軍傳云 官旗過來 各齊應一聲 轉身向前 鳴鼓一通 以次俱跪

이 절은 대장이 명령을 전달하기 전 중군의 지시에 따라 장대 앞에 있는 관기들이 장대 쪽을 향하여 몸을 돌리고 무릎을 꿇는 모습을 묘사하고 있다.

궤(跪)란 두 무릎을 땅에 붙이고 몸을 세우는 동작을 이른다.

영장(營將)이 장대 위에서 무릎을 꿇고 있다가 먼저 일어나서 명령을 하달하기를 "관기들은 들으라[聽著]. 귀로는 징과 북소리를 듣고 눈은 깃발[旌旗]을 보고, 손으로는 적을 치고 찌르는 것(擊刺)에 익숙하고 걸음은 나아가고 멈추는 것[進止]을 익히며[閑], 말은 달려가서 쫓음을 익히며, 채찍과 고삐[策轡]를 조심하여 챙기며, 수레는 흩어지고 모이는 것[分合]에 익숙하며 화기(火器)는 엄격히 챙겨 만인(萬人)이 한마음으로 나아감은 있되 물러섬은 없으며 관방(關防)은 중대한 직무이며 군법에는 떳떳함[常]이 있다"라고 한다.

營將 于臺上跪 先起發放日 官旗聽着著 耳聽金鼓 目視旌旗 手熟擊刺 步閑進止 馬習馳逐 謹戢策轡 車熟分合 嚴飭火器 萬人一心 有進無退 關防重寄 軍法有常

이 절은 장대 위에 있던 영장이 무릎을 꿇고 있다가 천총(千總), 파총(把摠) 등 휘하 지휘관들에게 명령을 하달할 때 그 내용을 보여준다.

청저(聽著)란 주의 깊게 듣는다는 의미이다. 한(閑)이란 익힌다[習]는 뜻이다. 군법에는 떳떳함이 있다는 것은 군중(軍中)에 공이 있는 자는 상주고 명령을 어긴 자는 처벌하는 것이 군의 떳떳한 법[常規]이라고 할 수 있다. 상(常)이란 영원토록 변하지 않는 것을 의미한다.

영장(營將)이란 척계광의 군사 편제에서 군(軍) 아래 있는 고위 무관으로 영(營)의 지휘관이다. 앞서 보았듯이 파총(把摠)이 지휘하는 4개의 사(司)가 합하여 영을 구성하게 된다. 전체적인 내용으로 보면 대장의 명령을 받아 휘하 장수에게 전하는 것이 중군이었다는 점을 고려한다면 영장은 중군을 의미하거나 중군의 오기가 아닌지 의문스럽다.

관방(關防)이란 험한 시설을 하여 방어를 견고히 하는 것을 이르는데 예를 들어 도로가 만나는 곳이나 좁은 길목의 요해처에 성을 쌓고 군대를 배치하여 적의 공격에 대비하는 것이 이에 속한다고 할 수 있다(『만기요람』 군정편4 「關防」).

> 천총과 파총이 차례차례 머리를 조아리고[叩頭] 있음을 보고하면, 일
> 어나 가라고 명한다.
> 千把總 次次報叩頭 命起去

이 절에서는 영장이 아래의 지휘관에게 명령을 하달한 이후 직급이
높은 천총부터 파총까지 차례차례 머리를 조아리고 있음을 보고하면
대장이 이들에게 일어나 돌아갈 것을 명한다.

천총(千總)은 원래 명나라 시대 지휘관 직책의 하나로서 수도[京師]에
주둔하던 삼대영(三大營)의 지휘관으로 그 휘하에 파총(把總)을 두었다.
중국 남방의 전술인 절강병법을 저술한 척계광의 병서인 『기효신서』에
서는 지휘관으로서 천총을 두지 않고 영(營)의 지휘관인 영장 아래 사
(司)를 두고 지휘관으로 파총을 두었다. 그러나 북방의 기병에 대항하
기 위해 전차, 기병, 보병을 함께 운용하는 전술을 담은 『연병실기』에서
는 편성을 달리하였다. 예를 들어 전차로 편성된 거영(車營)은 좌부와
우부(左·右部)의 2개 부(部)로 편성하고 지휘관으로 천총을 임명하였다.
부 아래에 4개의 사를 두고 파총을 임명하였다. 기병으로 이루어진 기
영(騎營)은 편제가 다소 달랐는데 영 아래 3개의 부(部)를 두고 부 아래
에는 2개의 사를 두고 파총을 임명하였다.

고두(叩頭)는 머리를 조아려 인사하는 것을 의미한다.

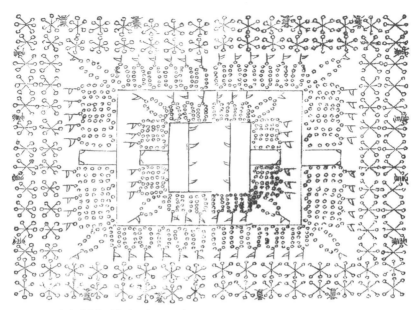

그림 41 　기영도(騎營圖)(『기효신서』 수록)

또 명령하여[發放] 말하기를 "거정(車正)은 들으라[聽着]. 무릇 거전(車戰)
에서 나아가고 머무는[進止] 호령(號令)은 모두 거정의 책임이니 때에
따라 잘못이 있으면 그 책임이 돌아갈 것이다"라고 한다. (거정이) 머
리를 조아리고[叩頭] 있음을 보고하면, (대장이) 일어나 가라고 명한다.
又發放曰 車正聽着 凡車戰進止號令 俱車正之責 臨時差悞 責有所歸
報 車正叩頭 命起去

이 절은 천총과 파총이 물러난 이후 다시 휘하 전차의 지휘관인 거정
에게 명령을 하달하는 모습을 보여주고 있다.

또 명령하여[發放] 말하기를 "타공(舵工)은 들으라. 무릇 (전차의) 좌우전후(前後左右) 및 종횡곡직(縱橫曲直)으로 조정하는 것은 모두 전차의 깃발을 보고 거정에게 명령을 들어서 할 것이니라. 진영(陣營)을 펼치는 것이 합당하지 아니하고 높고 낮음에 잘못이 있으면 그 책임이 돌아갈 것이다"라 하면 (타공이) 머리를 조아리고 있음을 보고하면, 일어나 가라고 명한다.

又發放日 舵工聽着 凡左右前後縱橫曲直 俱看車旗 聽命車正 擺營不合 高下失悞 責有所歸 報舵工叩頭 分付起去

여기서는 거정들이 휘하의 타공들에게 유념할 내용을 중심으로 명령을 내리는 모습을 묘사하고 있다.

타공은 전차마다 한 명씩을 두는데 전차의 운행을 전담하여 관리한다. 이들은 전후좌우의 전차와 나뉘거나 합치면서 간격을 유지하고 진영을 펼칠 때 중요한 역할을 맡았다.

이어서[次] 순시기(巡視旗)가 나와 열을 짓고 기패관(旗牌官)은 (그) 앞에 서면 명령하여 말하기를 "조련장에 들어와 떠들며[喧譁] 조용하지 않으며, 진영(陣營)을 칠 때 항오(行伍: 대오)가 정돈하지 않으며, 행영(行營)할 때 앞자리를 빼앗고[攙] 뒷자리를 넘기려 하며, 전진(戰陣)에 임하여 행동하는 것이 명령을 어기며, 적의 목을 벨 적에 (적의) 수급(首級)을 강제로 빼앗으며, 전투가 끝난 후 항복한 사람을 함부로 죽이며, 갖가지 간악한 짓을 하고 법[科]을 어기는 경우는 모두 너희들이 잡아들여 처치하라. 전진에 임하여서는 패(牌)를 떼고 전투에 있을 때는 귀를 베고 병사를 물릴 때는 조사하여[查明] 경중을 분별하여 군법을 행할 것이다. 만일 너희들이 멋대로 남의 물건을 받거나 뇌물을 요구하면[需索] 너희들의 죄를 다스릴 것이다."라고 하였다. 순시기가 앞에 머리를 조아리고 있다고 보고한 다음 일어나 가라고 분부한다.

次巡視旗過列 旗牌立于前 發放日 入操 喧譁不肅 下營 行伍不齊 行營 攙前越後 臨陣 舉動違令 斬賊 强奪首級 戰畢 妄殺降人 種種作奸 犯科俱聽 爾拿來處治 臨陣摘牌 當戰破耳回兵 查明分別輕重 以行軍法 若故縱需索 治爾之罪 報巡視旗 叩頭 分付起去

이 절은 순시기수(巡視旗手)와 기패관에게 중군이 명령을 내리고 있는 모습을 보여준다. 순시기수가 먼저 나와 열을 지으면 기패관이 그 앞으로 나와 선 후 중군이 명령을 내린다. 기패관은 기수와 취고수의 군율과 질서를 담당하는 직책으로서 기수와 취고수는 대장의 명령에 따라 깃발을 움직이고 군악을 울려 지휘 명령을 전하므로 이들을 통제하는 기패관의 기율 유지는 매우 중요하다고 할 것이다. 이처럼 순시기수와 기패관들은 군중의 질서를 담당하는 직책의 군사들이었으므로 이들에게는 매우 엄격한 군율을 요구하고 있음을 이상의 명령의 내용을 통해 알 수 있다.

남에게 물건을 주는 것을 수(需)라 하고 억지로 뇌물을 요구하는 것을 색(索)이라 하였다.

중군이 "관기(官旗)는 제자리[地方]로 내려갑니다"라고 아뢰면 (대장은) "관기는 제자리로 내려가라"라고 분부한다. 그러면 관기는 각각 일제히 한소리로 응(應)한다. 징을 울리고 대취타를 연주하면 청도기수(淸道旗手)가 관기를 데리고서 진을 펼친[列陣] 것의 맨 끝[盡頭]에 도달하면 (몸을) 돌려 위로 올라온다. 이때 관기와 대총은 각각 제자리[信地]에 차례로 선다. 청도기수는 무릎을 꿇고서 "관기들이 제자리에 도착하였다"라고 아뢴다. 주장이 "일어나 가라"라고 명하면 응하고 물러선다. 징을 세 번 울리면 취타를 그친다.

中軍 稟官旗下地方 分付官旗下地方 各齊應一聲 鳴金大吹打 淸道旗 領官旗 到列陣盡頭回上 時官旗隊 各立信地 淸道旗 跪告官旗到地方 命起去 應聲退 鳴金三下 吹打止

이 절은 장대 앞에 정렬해서 차례로 명령을 전달받은 관기들이 대장의 명에 따라 자신의 원래 자리로 돌아가는 모습을 보여주고 있다. 대장의 명을 받고 청도기를 앞세우고 관기들은 장대에서 앞으로 나아가다가 열진의 끝머리에서 그 행렬은 다시 방향을 돌려 장대 쪽으로 나아가며 관기들은 자신의 원래 자리에 도달하면 그 자리에 서게 된다. 이후 청도기수는 관기들이 원래 자리에 돌아갔다고 보고한 이후 물러나게 된다.

> 호포(號砲)를 한 번 쏘고 나(鑼)를 두 번 울리며 오방기(五方旗)를 눕히면 각 병사들은 앉아서 쉰다. 징을 울리면 나를 멈춘다.
> 擧砲一聲 鳴鑼二通 仆五方旗招 各兵坐息 鳴金鑼止

여기서는 관기들이 원래 자리로 돌아간 직후 신호에 따라 군사들을 쉬게 하는 동작을 보여준다. 오방기는 앞서 보았듯이 다섯 방위를 가리키는 큰 깃발로서 주작기, 청룡기, 백호기, 등사기, 현무기를 말한다.

> 중군이 숙정포(肅靜砲)를 쏠 것을 아뢰고 숙정포를 세 번 쏘고 숙정패
> (肅靜牌)를 세운다.
>
> 中軍 禀放肅靜砲 放砲三擧 立靜牌

　여기서는 본격적인 훈련을 하기 전 관기에게 명령을 전하고 군사들
이 쉬고 있는 등 다소 어수선한 분위기를 정리하기 위해 숙정포를 세
번 쏘고 숙정패를 세우는 모습을 보여주고 있다.

　숙정(肅靜)이란 엄격히 서서 움직이지 말고 조용히 하라는 뜻으로, 숙
정포를 쏘는 것은 군사들이 엄숙하고 조용히 하여 훈련[行軍]하기 전 진
을 치는 명령을 자세히 듣기 위한 것이다.

　숙정패는 나무로 만든 패로 검은 바탕에 흰 글씨로 '肅靜' 두 글자를
써 넣었다. 길이는 3척 3촌 5푼이고 넓이는 1척 3촌 7푼이며 자루의 길
이는 9촌이고 두께는 1촌 정도였다.

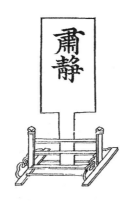

그림 42 『속병장도설』의 숙정패

중군이 영문(營門)을 열고[開營] 훈련을 시작할 것[起操]을 아뢰고 신호 포를 한 번 쏘고 발라(哱囉)를 한 번 분다. 그러면 각 병사들은 일어나 서되, 마병은 말을 타고 거병(車兵)은 전차를 정돈하며 보병은 기계(器械: 무기 등)를 잡고서 전차에 다가가며, 화병(火兵)은 거마작(拒馬柞)을 지니고 두 전차 사이에 있는다. 징을 울리면 발라를 그친다.

中軍 稟開營起操 擧號砲一聲 吹哱囉一通 各兵起立 馬兵上馬 車兵整車 步兵 執器械附車 火兵 持拒馬柞 在兩車之間 鳴金哱囉止

이 절은 다시 훈련을 시작하기 위해 앉아 쉬고 있는 군사들을 일으켜 세우고 무기나 장비를 들거나 말을 타는 등 훈련하기 위한 준비를 갖추는 장면이다.

화병(火兵)은 주로 취사나 각종 잡일을 담당하는 군사들로서 척계광의 절강병법에서는 한 대(隊)에 한 명씩 두도록 하였다. 화병은 조선전기에 없던 병사로서 절강병법 도입 이후 조선의 군사제도에 정착되었다. 화병은 전투 시에는 근접 전투에 직접 참여하지는 않고 보조적 역할을 하거나 뒤처져 있도록 하였으므로 무기도 작은 창날을 단 대봉(大棒) 정도였다. 그러므로 용렬하고 다소 어리석으며 체격 등이 다소 약한 자로서 정하였다. 한동안 여러 번역서에서 화병을 화기수(火器手) 등 화약무기를 다루는 전문 군사로 오역하는 경우가 적지 않았으나 최근 조선시대 군사사에 대한 이해의 폭이 깊어지면서 이러한 오역은 점차 줄어들고 있다.

거마작은 기병의 돌격을 저지하기 위한 휴대용 철제 장애물로서 날카로운 창을 여러 개 묶어 세워놓은 형태를 갖고 있다. 이러한 형태의 방어용 무기는 거마(拒馬), 일명 행마(行馬)라고 하되, 거마창(拒馬槍)이나 거마목(拒馬木)은 몸체는 나무로 만들고 끝에 철제 날을 붙인 것이고 거마작은 전체를 철제로 만든 것이다. 그 형태는 북틀과 같으며 세 뿌리가 서로 이어져 있어 어디로 굴려도 쓰러지지 않고 서 있게 된다. 뿌리의 길이는 5척 2촌(약 1m)이고 지름은 1촌 정도이며 자루에는 날카로운 칼날을 썼다. 거마 한 대마다 땅 5척을 차지하여 적 2명을 막을 수 있다. 한 소대(小隊)에는 거마 3대를 운용하며, 대열을 이중으로 배치한 이층진(二層陣)에서는 6대를 운용하였다. 한 대(隊)마다 병사 한 명씩 교대로 거마를 지고 다니며 운용하였는데, 거마 한 대마다 길이 한 장(丈: 2m)의 쇠사슬이 있고 거마를 땅에 박는 길이 1척의 쇠못 두 벌이 있어 거마를 땅에 고정시키고 다른 거마와 묶어 방어력을 높일 수 있었다. 거마의 제도는 『기효신서』를 통해 조선에 전해져 조선후기의 주요 방어용 장애물로 운용되었다. 실제 조선후기에는 많은 수의 거마가 제작되어 주요 군영에 보관되었다.

거마와 비슷한 야전 장애물로는 녹각(鹿角)이 있는데 나무를 사슴뿔처럼 뾰족하게 다듬어 세운 것으로 오늘날의 바리게이트 비슷한 형태를 갖추고 있었다. 녹각은 『고려사』 열전 권24의 「김속명(金續命)」전에 그 사례가 있는 것으로 보아 거마보다 일찍부터 사용되었다. 거마가 녹각보다 휴대하기 용이하였으므로 조선후기에는 거마가 녹각보다 널리 사용된 것으로 보인다.

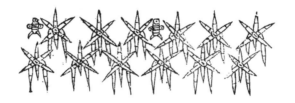

安蒼拒馬製

拒馬每根長五尺守重
三斤十二兩鐵鍊一把重
二斤六兩鐵釘一根重十
二兩尺條一根長四尺

下鎖釘鐵鍊
鐵釘二

丈一長鍤鐵

그림 43 『기효신서』의 거마

징의 가를 치면 기고(旗鼓)는 열을 지어 나오면서 푸르고, 희고, 누런 세 깃발을 옆으로 벌려 세우며 기울였다가 다시 든다[點]. 그러면 전차, 기병, 보병의 세 장수들은 모두 (자신의) 인기(認旗)로서 위에 응(應)하며 아래로 명령한다.

鳴金邊 旗鼓列出 取藍白黃三旗 橫列立點 車騎步三將 皆用認旗 應上令下

이 절은 훈련을 시작하기 위해 먼저 깃발과 군악이 앞으로 열을 지어 나오며 깃발로 신호를 하면 전차, 기병, 보병의 장수들이 그 깃발 신호와 동일하게 행하며 이어서 휘하의 부대에 다시 그 명령을 전달하는 모습을 보여준다. 전차, 기병, 보병의 장수에게 신호하는 깃발은 앞서 보았듯이 고초기(高招旗)를 의미하는 듯하다. 푸르고, 희고, 누런 세 고초기는 각각 전차, 기병, 보병의 지휘관에게 명령을 전달하기 위해 사용하고 있다.

중군이 "성식(聲息)이 아직 멀고 앞길이 또한 좁으면 한 길[一路]로 행군[行營]할 것"을 아뢰면, 호포를 한 번 쏘고 황색 고초기[黃招]를 한 방면에 세우며 장호적을 한 번 불고 북을 느리게 친다. 그러면 마병(馬兵)이 행군[行營]하고 중군과 기고(旗鼓)가 이를 따른다.

中軍 稟聲息尙遠 前路且窄 一路行營 擧號砲一聲 立黃招一面 掌號一遍點鼓 馬兵行營 中軍旗鼓隨之

이 내용은 1열로 행군하기[一路行] 시작하는 절차를 보여주고 있다. 즉 적의 출현 소식이 아직 멀리 있고 길이 좁으면 중군이 1열로 행군할 것을 대장에게 아뢴 후 대장의 명령에 따라 황색 고초기를 세우는 등 신호에 따라 선두에 마병이 나아간다. 이어서 중군과 여러 깃발 및 군악이 이를 따르는 형태를 띠고 있음을 알 수 있다.

> 남색과 백색의 깃발[高招旗]을 끄덕이고 북을 빠르게 치면 거병(車兵) 및 전차에 소속된 대(隊)들이 마치 물고기 비늘처럼 차례로[鱗次] 행군[行營]하다가 (행렬이) 교장(敎場)의 가운데 이르렀을 때 적군의 복병[賊伏]이 뒤에서 갑자기 일어나면 뒤에 있는 초탐마(哨探馬)가 깃발을 흔들어[搖旗] 경보를 알린다.
>
> 點藍白旗點鼓 車兵及夾隊 鱗次行營 至敎場中道 賊伏 隨後突起 在後哨探馬 搖旗報警

이 절은 앞의 마병과 중군, 기고에 이어 거병과 전차에 속한 기병대(奇兵隊)와 보병대(步兵隊) 등이 차례대로 이어서 행군하다가 교장의 한가운데에 도달하면 가상의 적군 복병이 나타나는 상황이 부여됨을 보여준다. 적의 복병이 나타나면 가장 뒤쪽에 있던 정찰 마병인 초탐마병(哨探馬兵)이 깃발을 흔들어 이를 알려준 이후 이에 대처하는 상황이 전개된다. 깃발을 흔든다[搖旗]는 것은 적의 위협이 심각하다는 것을 의미한다.

초탐마병이 가진 깃발의 종류는 분명하지 않으나 조선후기 병서에는 대체로 앞에 나간 정찰병[塘報兵]이 당보기(塘報旗)를 휴대하고 신호한다는 것을 보면 당보기일 가능성이 크다. 앞에서 당보병은 황색의 작은 깃발을 든다고 되어 있는데, 당보기의 형태가 바탕에 아무런 무늬가 없는 황색의 깃발이므로 당보기가 거의 확실하다. 당보기는 사방 1척(20cm)으로 깃대의 길이는 9척(1.8m)이며 위에는 날카로운 창날을 달았다. 깃발에 그림이나 글씨는 없고 바탕 색깔은 황색을 사용하였다. 당보기의 사용은 『병학지남』 권1 「명당보기호(明塘報旗號)」에 구체적으로 잘 나와 있다. 이에 따르면 적군이 맹렬히 공격하여 오면 깃발을 계속 흔들고 그렇지 않으면 깃발을 내렸다 다시 올릴[點] 뿐이다. 적의 군세가 많고 강성하면 온몸을 돌려 크게 깃발을 휘졌는다[磨]. 별다른 일이 없으면 깃발을 세 번 휘두르고[磨] 세 번 거두었다[捲]. 당보기의 기

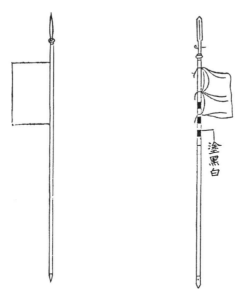

그림 44 『속병장도설』의 당보기　　　　그림 45 『무예도보통지』의 기창

본 규격은 『무예도보통지』의 기창(旗槍)과 같아 양자를 실제 동일한 것으로 파악하고 있는 견해가 있는데[39] 상당히 설득력이 있다. 당보군 등은 적정을 탐지하기 위해 앞에 소수가 나가 있는 경우가 많다. 당보군은 적의 기습에 대비하고 휴대에 편리하기 위해 기본 무기로 당보기를 단 짧은 창을 휴대할 필요성이 매우 높았을 것이다.

> 호포(號砲)를 한 번 쏘고 전신 나팔(轉身喇叭)을 불면 전차, 기병, 보병의 세 병종의 군사[三兵]들은 몸을 돌려 적을 향한다. 북을 천천히[點] 그리고 빠르게 치고[緊鼓] 파대오 나팔(擺隊伍喇叭)을 불면, 포차(砲車)와 전차(戰車)를 급히 몰아 나가 서로 사이를 두고 서며 마병은 전차 뒤로 들어와 진을 펼친다[列陣]. 징을 울리면 나팔을 그친다.
> 舉砲一聲 吹轉身喇叭 車騎步三兵 皆回身向賊 點緊鼓 吹擺隊伍喇叭 砲車戰車 疾驅而進 相間立定 馬兵 入於車後列陣 鳴金 喇叭止

이 절은 적의 복병이 뒤에서 나타난 상황에서 이에 대처하기 위해 신호에 따라 전차와 포차를 몰아 앞쪽에 진을 펴고 마병은 그 안으로 들어와 진을 펼치는 모습을 보여주고 있다.

파대오 나팔이란 대규모 대(隊)인 대대(大隊)를 일자 형태로 옆으로 펼치라는 신호에 사용하는 나팔로서 북소리 한 번에 20보를 가는 정도로 북을 천천히 치며[點鼓] 나팔을 분다. 긴고(緊鼓)는 북소리 한 번에 1

---

39 박금수, 2013, 앞의 논문, 68쪽.

보를 가는 것으로 빠르게 북을 치는 것을 의미한다. 원문에 '점긴고(點緊鼓)'라고 되어 있고 언해본에는 '긴고늘'이라 된 것을 보면 點 또는 緊 두 글자 중 한 글자는 오기의 가능성이 높다.

전신(轉身)이란 적이 있는 곳을 따라 서로 앞뒤 다른 방향이 되게 하는 것으로, 뒤가 앞이 되고 앞이 뒤가 되도록 한다는 것이다. 아래 『병학지남』 권3 「일대전신향후도」를 보면 앞을 향해가던 부대의 방향을 뒤로 완전히 바꾸는 모습을 잘 보여준다. 회신(回身)이란 개인의 몸의 방향을 돌리는 것으로 오늘날의 뒤로 돌아와 비슷한 동작을 의미한다. 열진(列陣)이란 종대로 행군하던 군사를 가로로 길게 벌려서 진을 갖추는 것을 의미하는데, 이는 적의 공격에 대비하고 반격하기 위한 것을 의미한다.

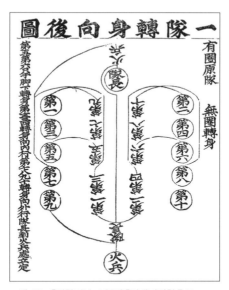

그림 46 『병학지남』 권3의 「일대전신향후도」

> 징의 가를 치면 앞, 뒤[前後]의 복병을 보내는데 그 간격은 수십 보로
> 한다. (적과 대적하며 복병을 내는 것도 동일하다.)
> 鳴金邊 出前後伏 相去數十步 (對賊出伏 同上)

여기서는 행군 중 적의 복병이 뒤에 나타난 것을 파악하고 급히 진을 펼친 이후 앞뒤로 복병을 내는 것을 보여준다. 일반적으로 조선후기 군사훈련에서 복병을 내는 경우는 행군하기 전이나 진을 펼친 이후가 일반적이었는데 여기서는 행군하다가 적 복병의 경보를 받은 이후 진을 펴고 복병을 내는 양상이 다소 이색적이다. 복병은 진의 앞뒤에 멀리 늘어놓고서 적을 기만하고 헷갈리게 만들거나 유인된 적군을 놀라게 하거나 기습하는 것이 주된 임무였다.

> 나(鑼)를 울리면 각 병사들은 앉아 쉬고 마병은 말에서 내린다. 징을
> 울리면 나(鑼)를 그친다.
> 鳴鑼 各兵坐息 馬兵下馬 鳴金鑼止

이 절은 진을 치고 앞뒤로 복병을 보낸 이후 나를 울려 군사들에게 휴식하도록 한 것을 보여준다.

> 적이 날쌘 기병[零騎]으로 우리를 시험하면 우리는 조용히 지키며 대
> 응하지 않는다.
>
> 賊 以零騎試我 我靜守不應

여기서는 적군이 소규모 정예 기병으로 우리를 유인하거나 복병의
위치를 알아내기 위해 시험하는 것에 대해서는 대응하지 않도록 하는
전술을 설명하고 있다.

> 또 적군을 더하여 앞에 오면 조총(鳥銃)과 편전(片箭)을 가진 군사들이
> 전차 앞으로 나가 입으로 전하여 쏘되 호포나 북과 나팔을 써서 호
> 령(號令)하지 않는다.
>
> 又益賊前來 以鳥銃片箭 出車前 口傳射打 不用砲鼓喇叭號令

이 절은 적군이 증강되어 접근하면 우선 우리의 조총수(鳥銃手)와 궁
수(弓手)가 전차 앞으로 나아가 사격하는 모습을 보여준다. 소규모 영
기(零騎)의 유인에 아군이 말려들지 않으면 적군이 병력을 증강하여 접
근하면 조총수와 궁수들이 먼저 전차의 앞으로 나가 적에게 사격하되
이때 사격 명령은 호포나 북, 나팔 등을 쓰지 않고 구두로 한다는 점이
특징이다. 이는 적군의 전면적인 공격이 아니므로 과잉 방어의 위험성
을 줄이기 위한 것이었다.

편전이란 일명 애기살이라 불린 짧은 화살이다. 화살촉은 철촉이며
화살의 길이는 1척 2촌(약 25cm)으로 다른 화살에 비해 짧았으므로 이

를 발사할 때에는 통아(筒兒) 혹은 시도(矢道)라 불리는 반으로 쪼갠 나무 대롱에 넣어서 발사하였다. 작고 가벼운 화살을 큰 화살을 쏘는 활로 사격하므로 가속도가 커서 사거리와 관통력이 컸다. 편전의 사거리는 300보(약 420m)에 달하여 장전(長箭)에 비해 약 100보(120m)가 더 멀리 날아갔다. 편전은 통아를 지나서 직진으로 날아가므로 명중률이 높았다. 특히 편전은 길이가 짧았으므로 적군이 이를 습득하더라도 다시 주워 사용하지 못하는 장점도 있었다. 따라서 편전은 조선의 대표적인 장기로서 평가되어 조선후기까지 주요한 원거리 무기로서 계속 제작, 운용되었다.

箭片　兒筒

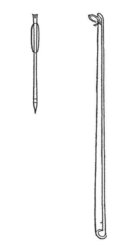

그림 47 『융원필비』의 편전과 통아

적군이 많은 무리를 데리고 와서 100보 안에 도달하면 호포를 한 번 쏘고 발라[哱囉]를 분다. 그러면 각 병사들은 일어나며 붉은 고초기[紅招]를 전차 5보 앞에 세우고 단파개 나팔을 불면, 각 전차의 총수(銃手) 및 보병의 창총수(鎗銃手)들이 모두 나와 일렬로 선다. 천아성 나팔을 불면 일제히 한 차례 사격하고 솔발을 불면 대를 거둔다[收隊].

賊 擁衆而來 至百步內 擧砲一聲 吹哱囉 各兵起立 立紅招於車前五步 吹單擺開 每車 銃手及步兵鎗銃手 俱出單列 吹天鵝聲 齊放一次 捽鈸 收隊

여기서는 적군이 총 공격을 시작하여 우리의 진 앞 100보 내에 도달할 경우 전차와 보병대의 총수 등이 나와 적군에게 일제히 사격을 하는 모습을 보여준다. 당시 전투용으로 주로 사용되던 구경 15.8밀리미터 내지 18.7밀리미터 조총의 경우 최대 사정거리는 500미터 이상에 달하였고 유효사정거리는 약 200미터 정도였다.[40] 그럼에도 100보(약 120미터) 이내로 들어올 경우에 사격을 시작한 것은 보다 가까이 사용하여 명중률과 파괴력을 높이기 위한 것이었다. 조선후기 주요 병서인 『병학지남』과 『병학통』에도 최초 조총 사격은 100보 정도를 기준으로 하였다. 이는 일본의 경우에도 마찬가지로 임진왜란 중 일본군이 주로 구사한 전법은 대체로 두 군대가 2, 3정(町)[41]의 거리에 접근하면 조총병

---

40 洞富雄, 1991, 『鐵砲 —傳來とその影響』, 思文閣出版, p.79.

41 町은 일본의 거리 단위로 1町은 약 109미터 정도이다.

인 철포(鐵砲) 아시가루[足輕]가 제1선에 전개하여 먼저 100미터 내외의 거리에서 사격을 시작하고 궁시병(弓矢兵)인 궁 아시가루[弓足輕]는 조총 사격 사이의 간극을 메우도록 하였다. 적에게 접근하여 돌격의 기회가 도래하면 창병(槍兵)인 창 아시가루[槍足輕]나 창사(槍士)들이 제1선의 간극에서 돌진하여 적과 백병전을 벌여 승부를 결정짓는 전법을 주로 구사하였다.[42]

창총수(鎗銃手)는 언해본에는 '승ᄌᆞ춍통됴총노홀사람'이라 하여 승자총통 및 조총을 사격하는 총수로 해석되어 있다. 즉 창(鎗)을 승자총통(勝字銃筒)으로 풀고 있는데 여기서 창은 명나라의 소형 화기인 쾌창(快鎗)을 의미하는 것이었다. 쾌창은 길이 2척(40cm)의 총신이 짧은 개인용 화기의 일종으로 5척(1m)의 곤봉(棍棒) 앞에 부착하여 사격하도록 한 것이다. 쾌창의 사격 후에는 돌려서 곤봉을 사용하여 적과 근접전을 할 수 있도록 하였다. 쾌창의 장전은 전장식(前裝式)으로 큰 콩[大豆]만 한 연환(鉛丸) 20개를 넣고 사격하도록 하였는데 최대 사정거리는 약 470미터 정도였다.[43] 쾌창은 조총과 달리 조준 가늠쇠인 성조(照星)도 없고 총열도 짧아 명중률과 위력은 조총에 비해 현격히 떨어졌지만, 조총과 함께 대(隊)의 화력을 보강하고 사격 후에는 곤봉으로 사용할 수 있어

---

42 伴三千雄, 1933, 「朝鮮役に於ける兵器と戰法の變遷」, 『日本兵制史』, 日本學術普及會, pp.142-143.

43 『練兵實紀』雜紀 권5, 「快鎗解」; 篠田耕一, 1992 『武器と防具 ; 中國編』, 新紀元社, p.225.

여러 면에서 유용하였다. 『연병지남』의 주요 참고자료인 『연병실기』의 보병대(步兵隊)에는 『기효신서』 보병대의 장창수(長鎗手) 4명을 조총수 2명과 장병쾌창수(長柄快鎗手) 2명으로 대체하여 화력을 상당히 보강하고 있다. 조선에도 『연병실기』 도입 등을 계기로 쾌창의 제도가 도입되어 광해군대인 1614년 설치된 화기도감(火器都監)에서 쾌창 724자루가 제작되기도 하였다. 그러나 쾌창은 관통력 등의 문제로 조선에 널리 보

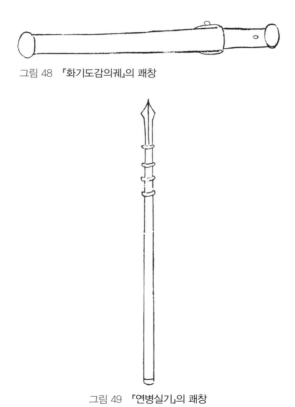

그림 48 『화기도감의궤』의 쾌창

그림 49 『연병실기』의 쾌창

그림 50 『화기도감의궤』의 승자총통

급되지는 못하였고 『연병지남』의 언해를 보더라도 쾌창에 대한 이해는 승자총통에 준하는 무기 정도로 이해하고 있음을 알 수 있다.

승자총통은 16세기 말인 선조 초기 전라좌수사였던 김지(金遲)가 창안하여 만든 개인 화기로서 조선의 기존 소화기를 개량하여 제조한 신형 화기였다. 그 이전의 화기들이 기본적으로 화살[箭]을 사격하는 것이 일반적이었던 것에 비해 승자총통은 기본적으로 철환(鐵丸)을 쏠 수 있는 본격적인 화기로서 의미를 가진다. 종전의 화기에 비해 총열이 길어 사거리도 길고 명중률도 상당히 높았다. 『화포식언해』에 따르면 3촌짜리 중약선(中藥線)을 이용하여 불을 붙이는데, 장전하는 화약은 한 냥이고 철환 15개를 한 번에 장전하여 사격할 수 있었다. 철환을 쏘기 위해 이전의 조선 총통이 격목(隔木)을 이용하여 발사하는 것과 달리 흙을 다져넣어 장전하는 이른바 토격(土隔) 방식의 장전법을 사용한 것이 특징이다. 필요시에는 피령목전(皮翎木箭)을 장전하여 600보를 날릴 수 있었다. 승자총통은 주물로 간편하게 제조할 수 있었으므로 이보다 성능이 뛰어난 조총이 임진왜란 중 전래된 이후에도 보조적인 화기로서 17세기 전반기까지 함께 사용되었다. 17세기 전반기 조총의 보급이 확대되면서 거의 제작되지 않게 되었다.

> 기화(起火) 한 자루를 쏘고 천아성 나팔을 불면 화전(火箭) 및 호준포
> (虎蹲砲), 불랑기(佛狼機)를 일제히 한 차례 발사한다. 적군이 50보 안
> 에 도달하면 추인(芻人)을 좌우로 벌려 세우고 물러선다.
> 放起火一枝 吹天鵝 放火箭及虎蹲砲佛狼機 齊放一次 賊至五十步內
> 列竪芻人左右屏

여기서는 조총 및 쾌창 등을 사격한 이후 연이어 화전 및 호준포, 불
랑기 등의 화기를 총동원하여 사격하며 이 사격에도 불구하고 적군이
50보 안으로 들어오면 짚 등으로 만든 허수아비인 추인(芻人)을 좌우로
벌려 세워 장애물로 하여 적군의 진격을 막으며 뒤로 물러서서 근접전
을 준비하고 있음을 보여준다. 앞의 「거기보합조소절목」에도 비슷한 내
용이 있는데 앞에서는 호준포, 불랑기 대신 수레 속의 대포(大砲)를 사
격하는 점이 다르다. 이러한 차이가 나타나는 이유는 「거기보대조절목」
에서는 전차 및 기병을 통합하여 대규모 진영을 편 상태에서 전투가 이
루어짐에 따라 전차에 탑재된 불랑기 등의 대포 이외에 기병들이 가지
고 다니던 경량 화포인 호준포도 함께 사격하기 때문이다.

참고로 『연병실기』에서는 전차 128량으로 이루어진 한 거영(車營)은
각 전차마다 대불랑기(大佛狼機) 2문씩 장착하여 모두 256문의 불랑기가
있었다. 기병 3부(部)로 이루어진 기영(騎營)이 거영 안에 편성되었는데
여기에는 호준포 60위(位)가 편성되어 있었다.

호준포는 마치 호랑이가 걸터앉아 있는 형상이라고 하여 이름 붙여
진 철제 경량 화포이다. 호준포는 임진왜란 중 평양성 전투에서 명나

라 군이 사용한 것을 목격한
이후 곧바로 조선에 소개되
어 모방 제작되기 시작하였
다. 『기효신서』와 『화포식언
해』 등에 의하면 포의 길이는
2척(60cm)이며 무게는 36근
(21.6kg)으로 큰 못 2개와 쇠
올가미[鐵絆] 하나가 있어 지
형에 관계없이 포신을 땅에
고정하여 발사할 수 있었다.
발사할 때에는 연환(鉛丸) 70
개 혹은 철환(鐵丸) 30개를 장
전하여 한 번에 사격할 수 있
었다. 호준포는 조준기가 갖
추어지지 않아 명중률이 낮

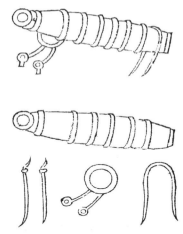

그림 51 『기효신서』 권3의 호준포

그림 52 『속병장도설』의 신포

은 문제점이 있었지만 사정거리가 길고 포의 크기가 작고 중량이 가벼
울 뿐만 아니라 조작이 간편하여 운용하기 매우 편리하였다. 척계광이
논과 늪이 많은 중국의 남방 지역에서 왜구를 토벌할 때 무거운 화포를
운용하기 어려웠으므로 호준포를 개발하여 효과적으로 사용하였다. 다
만 호준포는 명중률이 낮아 전술적으로 한계가 있었으므로 조선후기에
는 주로 신호용 화포인 신포(信砲)로서 사용되었다.

불랑기도 임진왜란 당시 명군을 통해 도입된 서양식 화포이다. 불랑기란 프랑크(Frank)를 음차한 말로 불랑기는 16세기 초 포르투갈 인을 통해 중국에 도입되었다. 포구에 화약과 탄환을 장전하던 기존의 전장식 화포와 달리 불랑기는 하나의 모포(母砲)에 여러 개의 자포(子砲)가 있어 모포의 뒷부분에 자포를 결합하여 사용하는 후장식 화포였다. 불랑기는 자포에 미리 화약과 탄환을 장전을 해두었다가 사격 시 자포를 모포에 결합하고 잠철(箴鐵)이라는 비녀모양의 쐐기를 끼워 고정시킨 후 발사하였다. 발사 후에는 자포를 빼내고 다른 자포를 결합하여 발사하는 방식이었으므로 발사 속도가 매우 빨랐다.

불랑기는 임진왜란 이듬해 초 평양성 전투에서 명나라 군이 사용한 것을 계기로 조선에 처음 소개되었다. 정확성과 위력 및 발사속도 등에서 이전의 화포에 비해 매우 우수하였으므로 조선에도 곧 그 제도가 도입되었다. 1603년 편찬된 『신기비결(神器秘訣)』에 불랑기의 간략한 제원과 발사법 등이 수록된 것을 통해 이를 알 수 있다. 『기효신서』에 의하면 불랑기는 크기에 따라 1호부터 5호까지 있었는데, 1호 불랑기는 크기가 9척(2.7m)에 달하였고 화약을 1근이나 장전할 수 있는 큰 규모였으나 5호 불랑기는 길이가 1척에 불과할 정도였다. 조선에서는 4호와 5호 불랑기가 많이 제조되었는데 그 크기와 장약량 등 제원은『기효신서』와는 다소 달랐던 것으로 보인다. 17세기 초 화기도감에서 제작된 4호 불랑기는 무게 90근, 길이 3척 1촌 3푼(97.16cm), 자포의 무게 12근, 화약량 3냥이었고, 5호 불랑기는 무게 60근, 길이 2척 6촌 5푼(82.15cm), 자포의 무게 6근 4량, 화약량 1냥 5전이었다. 불랑기는 조선후기 주요한 화기로 인식되어 19세기 중반까지 널리 사용되었다.

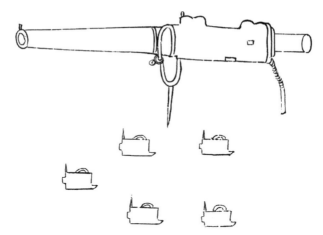

그림 53 「화기도감의궤」의 불랑기

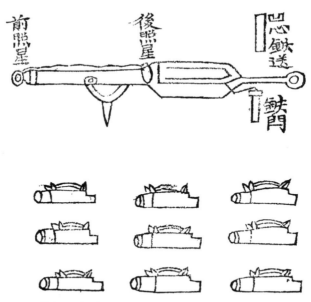

그림 54 「기효신서」 권12의 불랑기

푸른 고초기[藍招]를 전차 5보 앞에 세우고 단파개(單擺開) 나팔을 불면, 궁수(弓手)는 모두 나와 일렬[單列]로 서며 천아성(天鵝聲) 나팔을 불면 일제히 추인에게 (화살을) 쏜다. 활쏘기가 끝나면 솔발을 흔들고 원래의 오(伍)를 거두고 추인을 철거하며 화살을 줍는다. 적군이 나아와 전차 앞에 이르면

立藍招於車前五步 吹單擺開 弓手 俱出單列 吹天鵝 齊射芻人 畢捧鈸 收原伍 徹芻拾箭 賊進至車前

이 절에서는 적군이 화전, 불랑기, 호준포 등의 일제 사격에도 계속 전진하여 50보 안으로 들어올 경우 궁수들이 나아가 활을 사격하는 모습을 보여준다. 앞의 「거기보합조소절목」에도 거의 비슷한 내용이 있지만 이 「거기보대조절목」에서는 전차 및 기병을 통합하여 대규모 진영을 편 상태이므로 군사가 아닌 거영(車營) 5보 앞에 푸른 고초기를 세우는 것과 천아성 나팔을 불면 일제히 화살을 쏘는 차이가 있을 따름이다.

호포를 한 번 쏘고 북을 천천히 치며[點鼓] 남색, 백색, 홍색의 깃발로 세 방면을 가리키면[點], 전차와 기병과 보병의 세 장수들이 모두 인기(認旗)로 위에 응(應)하며 아래로 명령한다. 북을 아주 빠르게 치고[擂鼓] 천아성 나팔을 불면 포차(砲車)는 세워두고[住箚] 전차병은 함성을 지른다[吶喊]. 거병(車兵)은 수레를 밀고 보병은 함성을 지르며 나아가 싸우는데, 선수(筅手: 狼筅手)는 말을 막으며 (적의) 창을 가 로막고, 패수(牌手)는 칼을 들고서 말의 발을 베고, 도곤수(刀棍手)는 말의 머리를 때리거나 혹은 말의 배를 찌르고, 파수(鈀手)는 위로 적의 목을 찌르며[戳] 아래로는 말의 눈을 찌른다. 쾌창(快鎗: 쾌창수)은 자루를 돌려 곤(棍)처럼 사용한다. (무릇 살수는 진에 임하면 모두 대문(大門)·소문(小門), 허허실실(虛虛實實)의 법을 써도 괜찮다.) 화병(火兵)들은 거마작(拒馬柞)을 지니고 두 수레의 사이에서 수레를 따라 나아가고 물러나면서 각자 책임에 따라 한다.

擧號砲一聲 點鼓點藍白紅旗三面 車騎步三將 皆以認旗 應上令下 擂鼓吹天鵝聲 砲車住箚 戰車之兵 吶喊推車 步兵 吶喊出戰 筅手 拒馬架鎗 牌手 持刀砍馬足 刀棍手 打馬頭 或刺馬腹 鈀手 上戳賊喉 下戳馬眼 快鎗倒柄 與棍同用 (凡殺手臨陣 皆用大門小門虛虛實實之法 可也) 火兵持拒馬柞 在兩車之間 隨車進退 各照責任

이 절은 적군이 계속 전진하여 전차 앞에 이르면 신호에 따라 전차와 함께 전투하는 살수들이 각자 적의 기병을 저지하는 구체적인 전투 동작을 잘 보여주고 있다. 흥미로운 점은 쾌창을 든 군사들은 적에게 쾌창 사격을 마친 이후 쾌창을 단병기인 곤(棍: 棍棒)처럼 사용하는 것이다. 앞서 보았듯이 쾌창은 나무 자루의 앞에 소형 총통을 단 것이므로 사격 후에는 돌려서 곤봉처럼 사용할 수 있었다. 참고로 쾌창은 언해본에는 승자총통(勝字銃筒)으로 풀어져 있으나 곤봉을 사용하는 등의 의미를 볼 때 승자총통으로 번역하기는 어렵다.

대문과 소문이란 전통적인 병가(兵家)와 무가(武家)에서 단련의 편리를 위해 인체를 구분하여 대비하여 표현하던 용어이다. 대문은 정중면이나 상대적으로 높은 두 팔이나 흉복(胸腹) 사이를 가리키고, 소문은 좌우 측면이나 상대적으로 낮은 두 넓적다리 사이를 가리킨다.

허허실실, 즉 허실(虛實)이란 『손자병법』의 제6 「허실」 편 등에 나온 것인데 우리가 허(虛)하면 수비하고 우리가 실(實)하면 공격하고 적이 실(實)하면 수비한다는 것을 의미한다.[44]

---

44 『孫武子直解』 중권 「虛實」 제6.

> 후진(後陣)의 마병(馬兵)이 좌·우익(左右翼)이 되어 나뉘어 나와 옆으로
> 공격하는데 이때 북을 아주 빠르게 치고[擂鼓] 천아성 나팔을 불며 함
> 성을 그치지 않는다. 나아가 앞 복병[前伏]이 있는 안[內]에 도달하면
> 後陣馬兵 爲左右翼 分出傍攻 擂鼓天鵝 吶喊不絕 進至前伏內

이 절은 전차로 만든 전진(前陣)의 뒤에 있던 마병들이 좌익과 우익으
로 나뉘어 적군을 옆에서 공격하는 모습을 보여주고 있다. 앞의 마병대
(馬兵隊) 관련 내용에서 나와 있듯이 마병들은 원앙진 형태인 2열 종대
로 달려 나가며 적군과 근접전을 행하게 되는데, 마병들은 적과 근접전
시에는 자신이 가진 여러 종류의 단병기인 편곤, 장도, 언월도, 쌍도,
구창을 사용하였을 것이다.

복병이 있는 안[內]의 의미는 분명하지 않지만 『병학지남』의 두주(頭
註)에 의하면 진내(陣內)라는 것이 전투하는 층(層)의 100보 사이라고 규
정한 것을 보면 앞의 복병은 전진(前陣)이 있던 후진 앞 100보 지점에
매복하고 있음을 알 수 있다.

> 호포를 세 번 쏘면 진(陣)을 압령(押領)하고 대기(大旗)와 순시기(巡視旗)
> 를 급히 흔들면 앞의 복병이 일시에 함성을 지르고 옆에서 돌격하여
> 전투를 도우니[助戰] 적군이 패배한다.
> 放砲三聲 押陣 大旗巡視旗 急揮 前伏 一時吶喊 橫突助戰 賊敗

이 절은 마병이 돌격하여 앞의 복병이 있는 곳에 도달하면 복병들이
대기와 순시기의 신호에 따라 옆에서 나와 기습하여 적군을 패배시키
는 모습을 보여준다.

압진(押陣)의 의미는 분명하지 않지만 진(陣)을 끌고 앞으로 나와 적
을 전면적으로 압박하는 모습이라고 추측된다. 이 내용이 기본적으로
마병의 돌격과 함께 복병의 기습 등 총공격하는 모습을 보여주므로 앞
에 서 있는 전차 및 보병들이 진을 끌고 앞으로 나오며 적군을 압박하
는 것이 자연스럽기 때문이다. 실제 『병학통』「양층살수구출오전도」에
도 훈련도감 군사들이 훈련할 때 마병이 돌격하면 앞에 2층으로 서 있
는 살수가 후층(後層)의 살수가 전진하여 전층(前層)의 살수와 합쳐 함
께 적군을 압박하는 장면이 있는데 『연병지남』의 이 절도 비슷하게 진
이 앞으로 나오며 적군을 압박하는 장면으로 보인다.

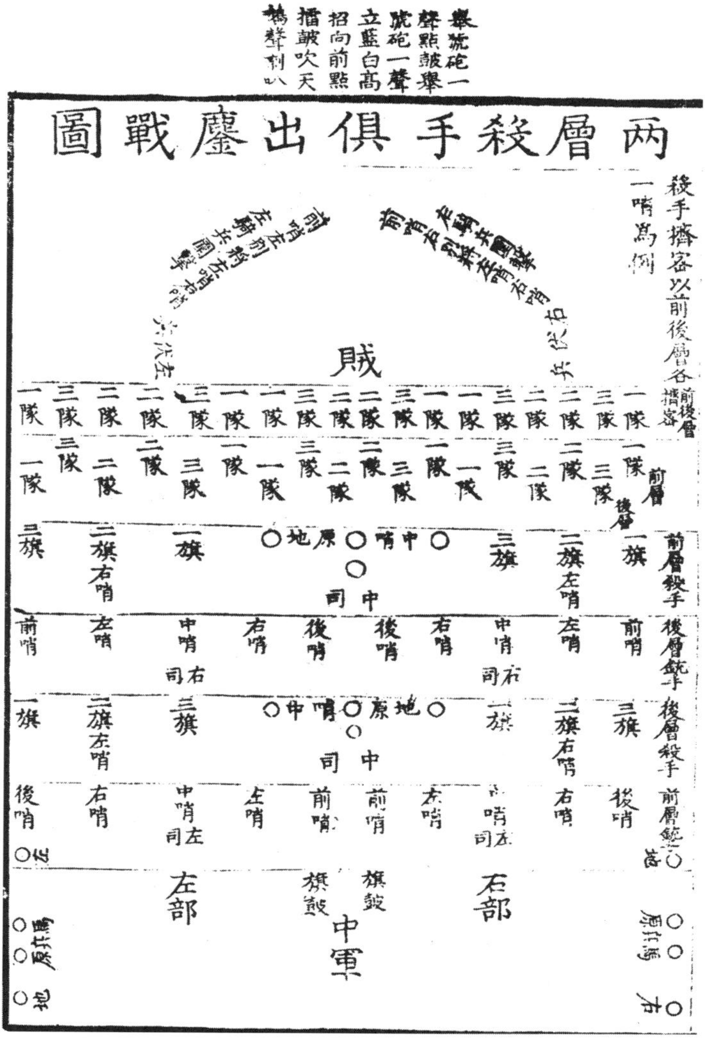

그림 55 『병학통』의 「양층살수구출오전도」

징을 세 번 울리면 전투를 그치고 솔발(捽鈸)을 흔들면 전차, 기병 보병 및 앞의 복병이 일시에 대오를 거두어들인다[收隊].[45] 징을 울리면 뒤를 향해 수십 보를 물러나 돌아온다. 연이어 징을 두 번 치면 호랑이 소리를 내고 (그 자리에) 굳게 서 있는다[立定]. 적군이 또 달려 들어와[馳突] 앞으로 오면

鳴金三下 止戰 捽鈸 車騎步及前伏兵 一時收隊 鳴金 退回行數十步
連鳴金二聲 虎聲立定 賊又馳突前來

　여기서는 전투에서 승리한 이후 병종별로 각기 대오를 정돈하고 뒤로 수십보 정도 물러 나와서 정돈하고 서 있는 모습을 보여준다. 물러날 때에는 대오를 정돈한 상태에서 몸을 뒤로 돌려 뒤에 있는 군사가 전열이 되면서 물러나는 양상을 보일 것으로 보인다. 이는 앞의 군사들이 전체를 돌려 이동할 경우에는 혼란이 적지 않을 것이므로 무기는 적군을 향한 상태에서 물러날 것이다. 그림 56의 『병학지남』「기계향전신수향후퇴회도(器械向前身首向後退回圖)」를 보면 이러한 모습을 엿볼 수 있다.

　호랑이 소리[虎聲]를 내는 것은 적을 위협하기 위한 것이다. 이때 앞으로 달려 나가 적을 공격하였던 전차, 보병, 기병 등이 모두 최초 열진하였던 자리까지 철수하여 전차와 기병이 정돈한 것은 아니라 어느 정도 군사를 물린 상태에서 적군이 공격을 다시 하게 된다.

---

45 수대(收隊)란 전투하느라 흩어져 있는 병사들을 해당 대(隊)별로 부대를 정돈하는 것을 의미한다.

그림 56 『병학지남』의 「기계향전신수향후퇴회도」

154

북을 아주 빠르게 치고[擂鼓] 천아성 나팔을 불며 일시에 함성을 지르고 뒤에 있는 복병[後伏]의 밖으로 달려 나가 한동안[良久] 근접전을 벌이[交鋒]다가 징과 요령[鈸]을 쓰지 않고 거짓으로 패한 척하며 적을 유인하여 (우리의) 복병이 있는 안쪽으로 끌어들인다.

擂鼓天鵝 一時吶喊 飛趨後伏之外 交鋒良久 不用金鈸 佯敗誘賊 引入伏內

이 절은 앞의 「거기보합조소절목」에도 비슷한 내용이 수록되어 있는데, 적군을 물리치고 대를 거두어 돌아오던 중 적군이 다시 아군을 공격하면 이에 대응하여 적군을 공격하다가 거짓으로 패배하여 적군을 우리의 복병이 있는 곳으로 유인하는 모습을 보여주고 있다. 뒤에 있는 복병이라는 표현을 사용한 것은 군사들이 뒤로 돌아오던 중이었으므로 뒤에 있게 되었기 때문이다.

호포를 세 번 쏘면 진(陣)을 압령(押領)하고 대기(大旗)와 순시기(巡視旗)를 급히 흔들면 뒤의 복병[後伏]이 일시에 함성을 지르고 옆에서 돌격하여 적군을 가로 막는다. 이어 전신나팔(轉身喇叭)을 불면 거짓으로 패배한 척하던 군대도 일시에 몸을 돌린다[回身]. 북을 아주 빠르게 치고[擂鼓] 천아성 나팔을 불면 함성을 지르며 뒤섞여 싸우니[混戰] 적군이 패배한다.

放砲三擧 押陣 大旗巡視旗急捽 後伏 一時吶喊 橫突遮賊 吹轉身喇叭 佯敗之軍 一時回身 擂鼓吹天鵝 吶喊混戰 賊敗

이 절은 우리의 복병이 있는 곳 밖으로 나아가 싸우다가 거짓으로 패배한 척하여 후퇴하면서 적군을 끌어들이면 복병이 옆에서 달려 나와 적군을 차단하고 거짓 후퇴하던 군대로 몸을 돌려 적을 공격하여 패배시키는 모습을 보여준다. 아마 거짓 후퇴할 때 병장기는 적군을 향하면서 물러서는 모습을 띠다가 전신나팔 신호에 따라 몸을 그대로 돌려 적을 공격하게 된다. 이 경우에는 원앙대 등의 대오를 갖추어 적군을 공격하기는 다소 어려우므로 혼전(混戰)이라는 표현을 쓴 것으로 보인다.

징을 세 번 울리면 전투를 그치고 솔발(撻鈸)을 흔들면 전차, 기병, 보병 및 뒤에 있는 복병이 일시에 대오를 거두어들인다[收隊]. 징을 울리면 뒤를 향해 수십 보를 물러나 돌아온다. 연이어 징을 두 번 치면 호랑이 소리를 내고 (그 자리에) 굳게 서 있는다[立定]. 징을 울리면 물러나 최초 장소[原地]로 돌아간다.

鳴金三下 止戰 撻鈸 車騎步後伏兵 一時收隊 鳴金 退回行數十步 連鳴金二聲 虎聲立定 鳴金 退至原地

이 절은 적군과의 전투가 끝나면 각 병종들이 소속 부대별로 정돈하여 뒤로 수십 보 정도 물러나고 나서 적군의 다음 공격에 대비하여 서서 대기한다. 이후 특별한 상황이 없으면 원지(原地), 즉 최초 진영을 세웠던 장소로 돌아가서 진영(陣營)을 편성할 준비를 한다.

> 적군이 패(牌)를 꽂아두고(위와 같다) 와서 습격하면[侵], 먼저 기병(奇兵)을 내어 그 복병을 수색하게 한다. 무릇 나무 패[木牌]를 만나면 함성을 지르고 에워싸서 서고 전차, 기병, 보병이 한 방면으로 달려들어 무찔러 죽이니 적군이 패배한다.
>
> 賊插牌(同上)來侵 則先出奇兵 以搜其伏 凡遇木牌 叫喊圍住 車騎步三兵 一面飛趨 鏖殺賊敗

이 절은 「거기보합조소절목」에 같은 내용이 있으므로 위와 같다[同上]고 하였다. 이에 따르면 전투에서 패배한 적군이 산림(山林), 촌옥(村屋), 맥전(麥田), 계학(溪壑) 등의 글씨가 쓰여진 패를 복병을 숨길 수 있는 곳에 가상으로 설정하여 꽂아두고 복병을 숨겨둔다. 그리고 진영을 설치하고 있는 아군을 거짓 공격하여 유인한다. 이 경우 아군은 본대가 아닌 기병(奇兵)을 내어 수색하다가 적군이 매복한 지역을 찾으면 이 지역을 둘러싸고서 전차, 기병, 보병 등으로 적군을 공격하여 패배시킨다.

징을 세 번 울리면 전투를 그치고 솔발(捽鈸)을 흔들면 (출전한 삼병(三兵)) 및 기병(奇兵)이 대오를 거두어들인다[收隊]. 징을 울리면 뒤를 향해 수십 보를 물러나 돌아온다. 연이어 징을 두 번 치면 호랑이 소리를 내고 (그 자리에) 굳게 서 있는다[立定]. 징을 울리면 물러나 최초 장소[原地]로 돌아간다. 영전(令箭)을 보내어 수복병(搜伏兵)을 거두어들인다.

鳴金三下 止戰 捽鈸收隊 鳴金 退回行數十步 連鳴金二聲 虎聲立定
鳴金 退至原地 送令箭 招搜伏

이 절은 매복한 적군을 패배시킨 이후 대오를 거두어들여 적의 추격을 경계하면서 최초 출발하였던 진영이 있는 곳으로 돌아오는 모습을 보여준다.

중군(中軍)이 아뢰기를 "숨은 적군이 패하여 물러났지만 적의 형세가 더욱 많아져 곧 우리 군대를 쳐서 올 것인데, 지세(地勢)가 평탄하고 넓으니 방영(方營)을 설치하여 적에게 대응할 것입니다"라고 하였다. 징의 가를 울리고 깃발[旗招]을 내어 안팎의 표(標)를 세운다. 북을 천천히 그리고 빠르게 치고[點緊鼓] 파대오(擺隊伍) 나팔을 불면 거병(車兵)은 각각 해당 방위 색[方色]으로 모두 밖을 향하여 열진하고 보병은 각각 전차에 붙으며, 마병은 말에 타고 안으로 달려 들어와 내진(內陣)을 친다. 징을 울리면 나팔을 그친다.

中軍 稟伏賊敗退 虜勢益衆 徑衝我軍而來 地勢平廣 下方營對敵 鳴金邊 發旗招 立內外標 點緊鼓 吹擺隊伍喇叭 車兵 各以方色 俱向外列陣 步兵 各附車 馬兵 上馬 馳入結成內陣 鳴金 喇叭止

이 절은 적군을 물리치고 난 이후 방영을 설치하는 절차를 보여준다. 먼저 중군이 방영 설치를 건의한 이후 지세가 방영을 설치하기 좋은 곳에 각종 기수(旗手)들을 내보내어 안팎의 기준이 되는 지점에 서서 표(標)가 되고 이어서 신호에 따라 전차와 보병은 바깥 진, 즉 외진(外陣)을 치고, 기병은 안으로 들어와 내진을 형성하게 된다. 구체적인 모습에 대해서는 그림이 남아있지 않지만 『병학지남』의 「오방기초선출입표도」를 보면 내·외진을 세우기 위해 고초기와 오방기, 각기 등이 각 기준점이 되는 곳에 서 있는 모습을 엿볼 수 있어 참고가 된다.

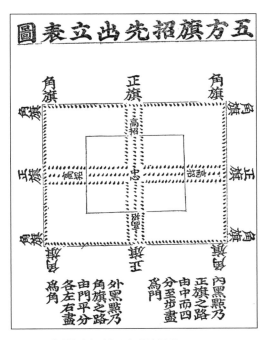

그림 57 『병학지남』의 「오방기초선출입표도」

원문에서 기초(旗招)는 고초기 등의 각종 깃발을 의미하는데, 『연병지남』과 비슷한 시기인 17세기 초 간행된 『군예정구(群藝正彀)』나 『병학지남』 등에 의하면 방영을 설치[下方營]할 때 기준을 잡기 위해 먼저 내보내는 깃발에 대해 '오방기초(五方旗招)'로 표기된 것으로 보아 오방기와 고초기의 약자로 보인다.

> 징의 가를 울리면 방면마다 각각 탐마(探馬)와 전후의 복병을 내보낸
> 다. 이를 마치면 나(鑼)를 울리고 각 병사들은 앉아서 쉬고 마병은 말
> 에서 내리되 적과 대하면 복병을 낸다(위와 같다)
>
> 鳴金邊 每面 各出探馬前後伏 訖 鳴鑼 各兵坐息 馬兵下馬 對賊出伏
> (同上)

이 절은 방영을 친 후 (전, 후, 좌, 우) 각 방면에서 정찰 마병인 탐마
(探馬)와 전후의 복병을 내 보낸다. 이어서 병사들이 휴식하되 적과 대
하는 곳에 다시 복병을 내게 된다.

> 전면(前面)의 탐마(探馬)가 황기(黃旗)를 흔들어 적의 복병이 일어나 전
> 면(前面)에 충돌할 것이라고 보고한다.
>
> 前面探馬 搖黃旗 報賊伏起衝前面

여기서는 전면에 나가 있는 탐마가 적의 복병이 전면에 나타나 공격
할 것이라는 것을 알리는 모습을 보여준다. 방영을 설치하면 곧바로 각
방면별로 다양한 훈련을 하게 되는데, 여기서는 네 방면 중 전면을 대
상으로 훈련하는 모습을 알 수 있다. 전면의 앞에 나간 정찰 기병인 탐
마가 황기를 흔들어 적 복병의 출현과 공격 사실을 알린다.

중군이 호포(號砲)를 한 번 쏘고 홍기(紅旗)를 세우면 전면의 장령(將領) 들이 (자신의) 인기(認旗)로서 위에 응(應)하며 아래로 명령한다. 그리고 발라(哱囉)를 불면 전면의 병사들이 일어나고 마병은 말을 타며 기계 (器械)를 정돈하며 번(番: 순서)을 고친다. 거병(車兵)과 보병은 모두 거정 (車正)의 약속(約束)을 따른다[聽]. 징을 울리면 발라를 멈춘다.

中軍 舉砲一聲 竪紅旗 前面將領 用認旗 應上令下 吹哱囉 前面兵起 立 馬兵上馬 整器更番 車兵步兵 俱聽車正約束 鳴金 哱囉止

이 절에서는 전면에 적군의 공격이 있음을 알리는 경보를 들은 이후 신호에 따라 전면의 장령(將領)들이 명령을 전달하고 군사들이 전투 준 비를 하고 있는 양상을 보여준다. 경번(更番)의 의미는 군사들의 순서 등을 정돈하는 의미로 보이나 분명하지 않다.

적군이 100보 내에 이르면 조총과 쾌창[銃鎗]을 일제히 쏘기를 앞에 서 명령한 것과 같게 한다(화전, 대포, 궁시의 명령[號令]도 앞과 같다).

賊至百步內 銃鎗齊放如前令 (火箭大砲弓矢號令 亦同前)

위 내용은 전면에 적군이 출현하였다는 경보에 따라 전투준비를 한 상태에서 적군이 방영의 전면 100보 안에 이르면 신호에 따라 조총과 쾌창 등을 중심으로 이전의 신호에 따라 사격하는 모습을 보여준다. 사 격 시 신호는 앞에 제시되어 있듯이 호포를 한 번 쏘고 붉은[紅] 고초기 (高招旗)를 병사들의 5보 앞에 세우며 단파개(單擺開) 나팔을 불면 포수들은 일제히 나아가 한 열로 선 이후 천아성(天鵝聲) 나팔을 불다가 그치면 일제히 조총 등을 사격하게 된다. 솔발(摔鈸)을 흔들면 대(隊)를 거두어들이게 되어 있다. 화전, 대포 등은 기화(起火) 한 자루를 쏘고 천아성 나팔을 불면 사격하도록 되어 있다.

> 적군이 전진하여 전차 앞에 이르면 나아가 싸우라는 명령을 오로지 이전의 방법과 같이 한다.
>
> 賊進至車前 進戰號令 一如前法

여기서는 조총과 쾌창 등의 사격에도 불구하고 적군이 전차 앞에 도달하면 나가 싸우라는 명령을 앞의 「거기보합조소절목」에 나오는 신호와 같이 하도록 할 것을 보여준다. 즉 호포를 쏘고 북을 천천히 치면서 푸른색·붉은색·흰색 대기(大旗)를 세 방면으로 가리키며 다시 일으키게 한다.

> 동쪽 방면[東面]의 당마(塘馬)가 황기(黃旗)를 흔들어 적의 복병이 일어나 동쪽 방면에 충돌할 것이라고 보고한다.
>
> 東面塘馬 搖黃旗 報賊伏起衝東面

이 절은 동쪽 방면에 나가 있는 척후 기병인 당마가 적 복병이 동쪽에서 나타나 공격할 것이라고 알리는 모습을 보여준다.

> 중군이 남기(藍旗)를 세워 호응하고 발라(哱囉)를 불면 동쪽 방면의 병
> 사들이 일어나 선다. 적에게 대응[應敵]하는 것은 앞의 명령과 같다.
> 中軍 竪藍旗應之 吹哱囉 東面兵起立 應敵如前令

여기서는 동쪽 방면에 적 공격이 있음을 알리는 경보를 접한 이후 중
군의 신호에 따라 동쪽 군사들이 일어나서 적에게 대응하는 모습을 보
여준다. 구체적인 모습은 앞에서 보여줬으므로 생략했다.

> 서쪽 방면[西面]의 당마(塘馬)가 황기(黃旗)를 흔들어 적의 복병이 일어
> 나 서쪽 방면에 충돌할 것이라고 보고한다.
> 西面塘馬 搖黃旗 報賊伏起衝西面

이 절은 서쪽 방면에 나가 있는 척후 기병인 당마가 적의 복병이 서
쪽 방면에 나타나 공격할 것이라는 것을 알리는 모습을 보여준다.

> 중군이 백기(白旗)를 세워 호응하고 발라(哱囉)를 불면 서쪽 방면의 병
> 사들이 일어나 선다. 적에게 대응[應敵]하는 것은 앞의 명령과 같다.
> 中軍 竪白旗應之 吹哱囉 西面兵起立 應敵如前令

이 절은 서쪽 방면에 적군의 공격이 있음을 알리는 경보를 들은 이후
중군의 신호에 따라 서쪽 방면의 군사들이 전투 준비를 갖추도록 하는
모습을 보여준다. 적을 공격하는 것은 전면(前面)의 전투 방식대로 100

보에 이르면 사격하게 된다. 서쪽 방면이므로 오방기 중 서쪽을 나타내는 백기를 들었다.

> 뒤쪽 방면[後面]의 당마(塘馬)가 황기(黃旗)를 흔들어 적의 복병이 일어나 북쪽 방면에 충돌할 것이라고 보고한다.
>
> 後面塘馬 搖黃旗 報賊伏起衝北面

이 절은 위에 이어서 북쪽 방면에 나가 있는 척후 기병인 당마가 적의 복병이 북쪽 방면에 나타나 공격할 것이라는 것을 알리는 모습을 보여준다.

> 중군이 흑기(黑旗)를 세워 호응하고 발라(哱囉)를 불면 뒤쪽 방면의 병사들이 일어나 선다. 적에게 대응하는 것은 앞의 명령과 같다.
>
> 中軍 竪黑旗應之 吹哱囉 後面兵起立 應敵如前令

북쪽 방면에서 적군의 공격이 있음을 알리는 경보를 들은 이후 중군의 신호에 따라 뒤쪽 방면의 군사들이 전투 준비를 갖추고 대응하는 것을 보여준다.

> 네 방면의 탐마(探馬)들이 일제히 황기(黃旗)를 흔들어 적군이 일제히
> 네 문(門)에 충돌할 것이라고 보고한다.
>
> 四面探馬 齊搖黃旗 報賊齊衝四門

　여기서는 동서남북 각 방면에서 적의 복병이 기습하는 것을 대응하
는 조련을 한 이후 적군이 일제히 네 방면에서 공격하는 상황을 부여하
고 이를 각 방면의 수색 기병인 탐마들이 황기(黃旗)를 흔들어 경보하는
모습을 보여준다.

> 중군이 남색, 백색, 흑색 대기(大旗)를 세워 호응하고 발라(哱囉)를 불
> 면 네 방면의 병사들이 일어나 선다. 적에게 대응하는 것은 앞의 명
> 령과 같다.
>
> 中軍 竪藍紅白黑大旗應之 吹哱囉 四面兵起立 應敵如前令

　각 방면에서 적군이 일제히 네 방면을 공격하려 한다는 경보를 받으면
중군이 명령을 내려서 군사들이 대응하는 모습을 보여준다. 조총과 쾌
창, 화전, 대포 등을 사격하여 적군에 대응하는 모습은 앞의 내용과 같으
므로 생략하였다. 이 훈련에서는 기본적으로 내진에 있는 마병들은 말에
올라타게 되나 앞으로 달려 나가는 대응 훈련은 보이지는 않고 다만 전
차와 보병에 의한 사격과 근접 전투가 훈련의 주요 내용임을 알 수 있다.

> 나(鑼)를 치고 기를 눕히면 각 병사들은 앉아서 쉬고 마병은 말에서
> 내려온다. 징을 울리면 나를 그친다.
>
> 鳴囉 仆旗招 各兵坐息 馬兵下馬 鳴金囉止

이 절은 적군의 공격을 물리친 이후 신호에 따라 군사들이 휴식을 취
하는 모습을 보여준다.

> 호포(號砲)를 한 번 쏘고 황기(黃旗)를 세우며 북을 아주 빠르게 치면
> [擂鼓] 초급병(樵汲兵)을 정렬시키고 중군의 차관[差官]이 그 수를 헤아
> 려 (영문 밖으로) 내보낸다.
>
> 擧砲一聲 竪黃旗擂鼓 撥樵汲兵 中軍差官 數出

여기서는 적군을 물리치고 진영으로 돌아온 이후 땔감과 물을 구하
기 위해 초급병을 내보내는 절차를 보여준다. 진영을 설치한 상태에서
북을 아주 빠르게 치는 것[擂鼓]은 땔감을 채취하고 물을 길어 오라는
신호이다.

초(樵)는 땔감을 베어오는 것이며 급(汲)은 우물에서 물을 길어오는
것으로, 초급병은 땔나무를 채취하고 물을 긷는 병사들을 뜻한다. 『기
효신서』권9 「야영편(野營篇)」에는 진영을 설치한 이후 초급병을 내는 규
정이 잘 정리되어 있는데, 이에 의하면 진영을 설치할 때 병사들이 나가
땔나무를 한 차례 채취한 이후에는 날마다 한 차례씩 오전 10시 정각에
나무를 해오도록 하였다. 각 대(隊)마다 한 오(伍)는 진영을 지키고 나머

지 한 오는 진영 밖으로 나갔다가 2시간을 기한으로 하여 돌아오게 하였는데 군사들이 모이기를 기다려 네 문을 열고 들어오게 하였다.

> 황색 고초기[黃招]를 세우고 흑기(黑旗)를 휘두르면[磨動], 중영(中營)의 마병이 영(營)에서 나와 (말의) 물을 먹인다. 장호(掌號)하면 대오를 거두어 돌아오게 된다. 징을 울리면 나팔을 그치고 각종 깃발[旗招]을 눕힌다.
>
> 立黃招 黑旗磨動 中營馬兵 出營飲水 掌號收回 鳴金喇叭止 旗招仆

이 절은 중영(中營), 즉 내진(內陣)에 있는 마병들이 나가 말에게 물을 먹이는 모습을 보여준다. 신호에 따라 대오를 거두어[收隊] 돌아오게 된다. 중영은 노영(老營)이라 하기도 하는데 야전에서 이층진(二層陣)의 진영을 펼칠 때 안쪽 또는 뒤에 있는 예비를 노영이나 중영이라 하였다. 이중으로 방진을 설치할 때 안쪽의 진을 자벽(子壁)이라 하였다.

장호(掌號)는 조련할 때 호포(號砲)를 쏘아 올리고 나팔을 부는 것을 의미한다. 장호는 복로군과 당보군, 혹은 초급병을 철수시키라는 신호를 의미하였다.

기화(起火) 세 자루를 쏘면 각 군이 밥을 짓고 장호적(掌號笛)을 불어 관기(官旗)를 불러 모아 명령을 하달하되[聽發放] 귀로는 징과 북소리를 들고[耳聽金鼓] 등의 문자를 쓰지 말고 다만 장차 싸우며 지나가는 것의 득실(得失)을 응당 고치거나 바로잡는 것에 대해 일일이 명령을 내린다. 전(傳)하여 나(鑼)를 치면 갑옷을 벗고 전하여 밥을 먹는다.

放起火三枝 各軍炊飯 掌號笛 聚官旗聽發放 不用耳聽金鼓等文 只將戰行過得失 應改應正 逐一發放 傳鑼 解甲 傳餐畢

이 절은 방영을 설치하고 각 방면별로 훈련을 마친 후 관기(官旗)를 불러 명령을 하달하고 이어서 갑옷을 벗고 휴식하는 것을 보여주는 장면이다.

장호적이란 태평소[瑣吶]를 부는 것을 말하는데 이는 관기, 즉 장관(將官)과 기총과 대총 등의 지휘관을 모아 지시할 때 사용하였는데 이들이 모두 모일 때까지 계속 불도록 하였다.

'이청금고(耳聽金鼓)' 등의 문자란 앞의 「거기보대도절목」에서 관기들이 모두 모여 명령을 하달하는 동작에서 관행적, 투식적(套式的)으로 말하는 "귀로는 징과 북소리를 듣고, 눈은 깃발[旌旗]을 보고, 손으로는 적을 치고 찌르는 것(擊刺)에 익숙하고 걸음은 나아가고 멈추는 것[進止]을 익히며[閑], 말은 달려가서 쫓음을 익히며, 채찍과 고삐[策轡]를 조심하여 챙기며, 수레는 흩어지고 모이는 것[分合]에 익숙하며 화기(火器)는 엄격히 챙겨 만인(萬人)이 한마음으로 나아감은 있되 물러섬이 없으며 관방(關防)은 중대한 직무이며 군법에는 떳떳함(常)이 있다"는 것을 말한다.

전(傳)한다는 것은 위에서부터 아래로 명령을 전달하면서 차례로 갑옷을 벗고 밥을 먹는다는 의미로 보인다.

> 중군이 "오랑캐[虜賊]가 패하여 물러나 사면(四面)에 경보가 없으니 영(營)을 원위치[信地]로 돌아오도록 해야겠습니다"라고 아뢴다. (대장이 허락하면) 이에 호포를 한 번 쏘고 발라(哱囉)를 불면 각 병사들은 일어나 서고 마병은 말을 탄다. 징을 치면[46] 발라를 그치고 솔발을 울리면 대오를 거두어들이고[收隊], 각종 깃발[旗招]은 중군에게 돌아간다.
> 中軍 稟稱虜賊敗退 四面無警 營歸信地 擧砲一聲 吹哱囉 各兵起立 馬兵上馬 金哱囉止捽鈸 收隊 旗招回中軍

이 절은 철수 준비를 하는 모습을 보여준다. 방영을 펼치고 여러 방면에서 공격해오는 적군을 저지한 후 중군은 대장에게 방영을 철수하여 원래 위치로 돌아갈 것을 아뢴다. 대장의 허락이 떨어지면 군사들이 일어나고 마병이 말을 타고서 대오를 정돈하여 철수 준비를 한다.

---

46 의미상 한문 자료에 金자 앞에 鳴자가 누락된 듯하다.

호포를 세 번 쏘고 천아성 나팔을 불며 함성을 세 번 지르면 징을 울리고 대취타를 연주한다. 전차, 기병, 보병은 이어 조절하여 행군(行營)을 하되 득승고(得勝鼓)를 치고 분납(嗩吶)[47]을 불면, 전차와 보병이 물고기 비늘처럼[鱗] 차례로 행군하기를 처음처럼 한다. 중군과 기고(旗鼓)가 다음이고, 마병이 이를 잇는데, 처음과 같이 진을 만든다. 징을 한 번 울리면 북과 태평소를 그친다.

放砲三介 吹天鵝 吶喊三次 鳴金大吹打 車騎步 仍調爲行營 打得勝鼓 吹嗩吶 車步鱗次行營如初 中軍旗鼓次之 馬兵繼之 作陣如初 鳴金一下 鼓笛止

위 내용은 방영을 철수하여 원위치[信地]로 행군하여 돌아가서 다시 진을 펴는 것을 보여주는 것이다. 출발 신호에 따라 행군 순서는 전차와 보병이 물고기 비늘처럼 촘촘히 이어서 행군하고 이어 중군과 기고(旗鼓), 다음은 마병이 행군하여 훈련을 시작하던 곳으로 돌아가 진을 펼친다. 이때 펼치는 진은 훈련을 시작하기 전 교장(敎場)에서 대오를 갖추던 때의 대열을 의미한다.

분납(嗩吶)은 언해본에는 '대평소', 즉 태평소로 번역되어 있다. 태평소는 한자로 쇄납(瑣吶) 혹은 호적(號笛, 胡笛) 등으로 표기되는 것이 일반적이므로, 분납의 嗩은 瑣의 오자로 보는 것이 타당할 듯하다.

---

47 瑣吶의 오기인듯.

> 징을 세 번 울리면 취타를 그친다. 이어 나(鑼)를 울리면 (마병은) 말에서 내린다.
>
> 鳴金三下 吹打止 鳴鑼下馬

이 절은 교장에 도착한 이후 마병들이 신호에 따라 말에서 내려서 흩어져 양쪽으로 진열해 나가는 모습을 보여준다.

> 중군이 사조(謝操)하고 두 번 나(鑼)를 울리면 각 병사들은 앉아서 쉬고 징을 울리면 나(鑼)를 그친다. 해가 이르고 저물었는지를 보아 비교(比較)하되 만일 날이 저물면 비교하지 않는다.
>
> 中軍謝操 再鳴鑼 各兵坐息 鳴金鑼止 視日早暮 聽比校 若日暮 則不爲比校

이 절은 중군이 훈련을 마친 것을 대장에게 하직하고 병사들을 쉬게 하는 것을 보여준다. 이어서 시간이 있으면 군사들의 각종 무예를 시험하도록 하였다.

사조(謝操)란 조련을 마친 이후 대장에게 모든 조련을 마치고 하직한다는 것을 아뢰는 것이다. 비교(比校)란 군사들의 각종 무예나 화기 조작 능력 등을 시험하여 등급을 정하는 것을 의미한다. 비교란 용어는 조선전기까지 군사들의 무예를 시험하는 것이라는 개념으로는 사용되지 않았으나, 16세기 말 도입된 『기효신서』에서 군사들에 대한 무예 등의 시험의 의미로 사용함에 따라 이 개념이 조선에서도 이후 널리 사용되었다. 언해본에서는 '직조츄ᅀᅵ'(재주取才)라고 풀이하고 있는데, 이를 보면 17세기 초반까지는 비교가 하나의 개념으로 사용되지 못하고 조선전기 군사들의 기량을 시험하여 등용하던 취재(取才)와 비슷한 의미로 이해하여 풀이하고 있음을 알 수 있다.

> 중군이 깃발을 내릴 것[落旗]을 아뢰고, 나(鑼)와 북을 치고 깃발을 내리기를 깃발 올리는 예와 같이 한다. 징을 세 번 울리고 황기(黃旗)를 휘두르면 진을 파한다.
>
> 中軍 稟落旗 鑼鼓落旗 如陞旗例 鳴金三聲 揮黃旗 罷陣

위 내용은 훈련을 마치는 마지막 절차로서 교장에 세웠던 대장을 상징하는 수자기(帥字旗)를 내리는 것을 보여준다. 중군이 깃발을 내릴 것을 대장에게 아뢴 후 대장의 명령을 받아 수자기를 내린다. 이후 대장이 말을 타고 퇴장하면 진을 파하고 군사들이 해산한다.

> 이상의 훈련 내용은 군을 모아 큰 조련[大操] 때에 운용하는 것이다.
>
> 右用之合軍大操

전차제
(戰車制)

두 바퀴의 밖과 횡축(橫軸)의 위에 각각 하나씩의 기둥[柱]을 세우고 두 기둥의 상단은 뾰족하게 깎아 예(枘: 구멍을 끼우기 위해 가늘게 만든 부분)를 만든다. 그리고 한 횡목(橫木)의 두 끝에 구멍을 뚫어 그 예(枘)에 끼워서 기둥 밖으로 길게 나오게 하되 두 기둥이 가운데 있도록 한다. 가까운 아래쪽에 서로 마주하여 구멍을 뚫고 한 횡목(橫木)의 두 끝을 예리하게 깎아 예(枘)를 만들어 구멍에 끼운다. 횡목의 위아래는 모두 판(板)을 사용하여 가리는데, 판의 두께는 한 치(寸) 정도로 하되 반드시 단단한 나무를 사용한다. 횡목(橫木)에는 여섯 개의 구멍을 뚫는데 이는 칼과 창[釰鎗]의 예(枘)로써 앞에서부터 뚫어 수레의 뒤쪽 횡목에 넣어 묶어둔다. 또 아래 층 판자에 세 구멍을 뚫어 총과 포를 설치하고, 두 기둥의 뒤에는 구멍을 뚫어 원목(轅木)을 설치하되 그 높이는 바퀴와 같이 하고 두 원목의 끝에도 횡강(橫杠: 가로 지르는 막대)을 덧대어 길게 원목 바깥으로 나오게 하여 이것으로 수레를 밀게 한다. 두 원목의 가운데에도 횡강을 더하여 칼과 창[釰鎗]의 자루를 묶을 수 있도록 한다. 두 기둥의 아래 끝[下端]과 두 원목의 가운데 아래 면에는 모두 하나의 구멍을 뚫고 버팀목[撐木]을 덧붙인다. 수레의 높이와 너비는 반드시 수레 뒤쪽에 있는 병사들을 보호할 수 있는 것으로 기준을 삼고 창 구멍의 높낮이도 오랑캐의 말[胡馬]을 막을 수 있을 정도로서 기준을 삼는다. 그리고 두 기둥의 곁에는 각각 하나씩의 작은 여닫는 문[扉]을 다는데 이는 열거나 닫아 곁에서 싸우는 우리 군사들을 보호하도록 하기 위한 것이다. 그 진을 벌릴[列陣] 때에는 문(門)을 덧대어 날개를 넓혀 적군의 총탄과 화살을 막으며, (근거리에서) 혈전(血戰)을 벌일 때에는 문을 빼내고 날개를 접어 전사(戰士)들이 출입하기에 편리하도록 한다. 병사들의 수효는 앞[上]에 나타나 있고 포차(砲車)의 제도에 대해서는 『연병실기(練兵實紀)』에 보이지만 간혹 이[戰車]를 모방하여 만들어도 괜찮다.

兩輪之外 橫軸之上 各立一柱 兩柱上端 尖削作柄 用一橫木 鑿竅兩端 加於其柄 長出柱外 兩柱居中 近下相對鑿竅 用一橫木 尖削兩端 作柄 入竅 橫木上下 皆用板遮障 板厚寸許 必用堅木 而就橫木 鑿六穴 卽 以釰鎗之柄 由前穿入 縛於車 後橫木 又鑿三穴於下層板子 以安銃砲 而兩柱之後 鑿穴施轅 高與輪齊 兩轅之端 又加橫杠 長出轅外 以之推 車 兩轅中間 又加橫杠 以備結縛釰鎗之柄 兩柱下端 及兩轅 居中下面 皆鑿一竅 以加撐木 車之高廣 必以能衛車後之兵爲准 鎗穴高下 亦以

能禦胡馬爲准 而兩柱之傍 各設一扇 所以或開或闔 衛護夾戰之軍也
當其列陣 則加門張翼 以防敵人銃矢 及其血戰 則抽門斂翼 以便戰士
出入 兵數見上 砲車制 見實紀 或倣此製造 亦可

이[戰車] 제도는 본래 정준붕(鄭峻鵬)[48]에게서 나왔는데 병사(兵使) 유형(柳珩)[49]이 이를 취하여 운용하되 조금 더 보태고 뺀[增損] 것이다. 송나라 때 장중행(張中行)이 바친 전차의 제도는 두 장대[竿]가 쌍으로 운행하여 낮고 빨랐으며, 매 전차마다 갑사(甲士) 25인과 궁노(弓弩)와 창과 방패를 든 무리를 운용하여 도우며 옆에서 지키게 하였으니 철기(鐵騎)가 전차를 대적하여도 모두 쓰러뜨렸다. 이에 이강(李綱)[50]이 운용할 만하다고 생각하여 천여 량을 제조하여 날마다 익히

---

48 정준붕: 선조대 무인. 부(父)는 정추(鄭錘). 생몰년 미상. 1603년(선조 36) 5월 훈련원 주부(主簿)로서 4개조의 군사 개혁안을 제시하였는데 그중 산성을 수축하여 방어 거점으로 삼고, 윤검(輪劍)·방패를 제작하여 기병의 공격에 대응할 것 등을 주장하였다.

49 유형(1566~1615): 선조대의 장군. 자는 사온(士溫), 호는 석담(石潭). 임진왜란이 일어나자 창의사 김천일을 따라 의병을 일으켜 그 휘하에서 활약하였고 이후 선전관에 임용되었다. 1594년 무과에 급제하고 해남현감 등을 거쳐 정유재란 당시 이순신 휘하에서 큰 공을 세웠다. 전쟁 이후 경상우수사 등을 거쳐 1602년 통제사가 되었다. 이후 북쪽 여진족의 공격 가능성이 높아지자 회령부사 겸 북병사가 되었고 1609년(광해군 1) 평안병사로 옮겨 임명되었다. 1613년에 황해병사로 부임하였으나 병을 얻어 1616년(광해군 7) 3월 황주의 병영에서 사망하였다.

50 이강(1083~1140): 송대 문신으로 자는 백기(伯紀). 1126년 금나라 군의 변경(汴京)

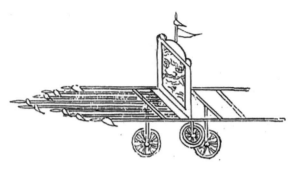

그림 58 『풍천유향』의 검차

게 할 것을 청하였다. 또한 그(戰車) 제도를 서울과 동 · 서로(東西路)에 반포하여 제조하고 가르치도록 할 것을 청하였다. 중조(中朝)의 영평(永平) 엽부사(葉副使)가 만든 전차는 앞쪽에 가림판을 대고 뒤쪽의 위에는 칼 · 창과 화전(火箭)을 배열한 것으로 두 사람이 밀면 마치 날아갈 듯이 빨랐고 철로 만든 거마(拒馬), 대나무 애패(挨牌), 작마도(斫馬刀)로 보호하였다. 고려의 강조(康兆)는 검차(劍車)[51]를 만들어 거란 군을 막아내었으니 지금의 이 전차 제도는 가히 이상의 세 가지를 겸하였다고 할 따름이다. 대개 삼대(三代: 하 · 은 · 주)의 병거(兵車)는 운용하는 사람이 많아 심지어 75인에 이르렀으니 전차 제도의 크고 웅장

침공 시 수어사로서 격퇴하는 등의 전공을 세웠다.

51 검차: 수레의 앞부분에 칼날을 장착한 전차로서 1010년 제2차 고려−거란 전쟁 당시 행영도통사 강조는 검차를 이용하여 통주(通州) 전투에서 거란군의 공격을 여러 차례 저지하였다. 기본적으로 검차는 고정식이었던 거마창을 이동시킬 수 있도록 발전된 형태라고 할 수 있다.

함에 집착한 것을 가히 상상할 수 있다. 그 뒤 위청(衛靑)[52]과 마융(馬隆)이 만든 편상거(偏箱車)[53]와 무강거(武剛車)는 비록 그 이름은 있지만 그 제도를 말하지 않았고 심지어 운용하는 사람의 많고 적음도 살필 수 없었다. 종택(宗澤)[54]이 만든 결승전차(決勝戰車)는 한 수레에 반드시 55인을 운용하되 전차를 운전하는 자는 11인이고 무기를 들고 전차를 돕는 자는 44인이니 이[결승전차] 제도는 옛 제도에 가까우니 운용함에 합당하지 않을까 한다.

---

52 위청(기원전 140~117): 한 무제 때의 장수. 흉노 토벌 시에 무강거라는 수레를 이용하여 큰 공을 세워 대장군에 올랐다.

53 편상거는 방패막이의 목판이 수레의 좌우에만 있는 전차로서 진나라 때 무장 마륭이 양주(凉州)의 오랑캐를 평정하는 데 사용하여 널리 알려졌다. 나무 지붕을 만들어 수레 위에 설치하고 병사들을 그 내부에 배치하고 창과 칼을 그 위에 설치하였는데 마치 사슴의 뿔과 같았다고 한다. 방패막이의 목판이 앞뒤에 있는 전차는 정상거(正廂車)라고 하였다.

54 종택(1060~1128): 북송대 무장으로 자는 여림(汝霖). 무주(婺州) 의오인(義烏人). 1091년 진사가 되어 여러 지방관을 역임하였고 1126년 지자주(知磁州) 겸하북의 군도총관(兼河北義軍都摠管)이 되어 성곽을 수축하고 무기를 마련하여 금나라의 잦은 공격을 저지하였다. 1127년에는 동경유수(東京留守)가 되어 군비를 정히 하고, 특히 기병을 저지하기 위해서는 전차가 필요하다고 하여 결승전차(決勝戰車) 1,200승(乘)을 제작하고 훈련시켰다. 이어 왕선(王善) 등의 의군(義軍)을 모집하고 하북의 팔자군(八字軍) 등 각지의 병마(兵馬)를 연결시키고 악비(岳飛)를 통제하여 이듬해 금나라 군을 백사진(白沙鎭)에서 협공하여 크게 승리하였다. 이후 금나라에 빼앗긴 땅을 회복하고자 시도하였으나 뜻을 이루지 못하고 사망하였다. 저서로는 『종충간집(宗忠簡集)』이 있다.

此制 本出鄭峻鵬 而柳兵使珩 取而用之 稍加增損者 宋時 張中行所獻
車制 則兩竿雙運轉輕捷 每車 用甲士二十五人 執弓弩鎗牌之屬 以輔
翼之 鐵騎遇之 皆靡 李綱 以爲可用 請造千餘兩 日肄習之 又請頒其
制於京東西路 使製造而敎習之 中朝永平葉副使所製之車 則向前遮板
稍後上列刀鎗火箭 二人推之如飛 翼以鐵拒馬竹挨牌斫馬刀 高麗康兆
作劍車禦丹兵 今此車制 可以兼此三者耳 蓋三代兵車 用人之多 至於
七十五人 則車制之闊大 執此可想 其後衛靑馬隆所製偏箱車武剛車
雖有其名 不言其制 至於用人多少 亦不可考 宗澤所製決勝戰車 則一
車必用五十五人 運車者 十有一 執器械輔車者 四十有四 車制近古 恐
不合用

만력 44년 7월 상순[上浣] 체부(體府: 도체찰사부) 표하(標下)인 서북교련
관(西北敎練官) 부사과(副司果) 한교(韓嶠)가 함산(咸山: 함흥)의 풍패관(豊沛
館)에서 쓰다.
萬曆四十年七月上浣 體府標下西北敎練官 副司果 韓嶠 書于咸山之
豊沛館

참고문헌

1. 사료

『經國大典』.

『經國大典註解』.

『羣藝正彀』.

『旗制』.

『紀效新書』.

『萬機要覽』

『武經七書』.

『武經總要』.

『武備志』.

『武藝圖譜通志』.

『武藝諸譜』.

『武藝諸譜飜譯續集』.

『兵學指南』.

『兵學指南演義』.

『兵學通』.

『續兵將圖說』.

『孫武子直解』.

『神器秘訣』.

『譯語類解』.

『練兵實紀』.

『練兵指南』.

『戎垣必備』.

『園行乙卯整理儀軌』.

『濟州束伍軍籍簿』(제주대학교 탐라문화연구소 영인본, 2000).

『風泉遺響』.

『火器都監儀軌』.

『火砲式諺解』.

2. 연구 및 논문

강성문, 1995, 「조선시대의 편전에 관한 연구」, 『학예지』 5.

국방군사연구소, 1994, 『한국무기발달사』.

국방부 전사편찬위원회 편, 1983, 『병장설·진법』.

곽낙현, 2012, 「조선후기 도검무예 연구」, 한국학중앙연구원 박사학위논문.

김성수·김영일, 1993, 「한국 군사류 전적의 발전계보에 관한 서지적 연구」, 『서지학연구』 9.

김우철, 2000, 『조선후기 지방군제사』, 경인문화사.

김종수, 2003, 『조선후기 중앙군제연구-훈련도감의 설립과 사회변동』, 혜안.

노영구, 1998, 「조선시대 병서의 분류와 간행 추이」, 『역사와현실』 30.

노영구, 2000, 「병학통에 나타난 기병 전술」, 『정조대의 예술과 과학』, 문헌과해석사.

노영구, 2001, 「임진왜란 이후 戰法의 추이와 무예서의 간행」, 『韓國文化』 27.

노영구, 2001, 「韓嶠의 練兵指南과 戰車 활용 전법」, 『문헌과해석』 14, 문헌과해석사.

노영구, 2002, 「조선후기 兵書와 戰法의 연구」, 서울대학교 박사학위논문.

노영구, 2002, 「조선후기 반차도에 보이는 군사용 깃발」, 『문헌과해석』 22.

노영구, 2003, 「韓嶠」, 『63인의 역사학자가 쓴 한국사 인물열전』 2, 돌베개.

노영구, 2012, 「16~17세기 조총의 도입과 조선의 군사적 변화」, 『한국문화』 58.

노영구, 2016, 「임진왜란 시기 류성룡의 북방 위협 인식과 대북방 국방정책」, 『서애 경세론의 현대적 조망』, 혜안.

노영구, 2016, 「일본 오사카부립도서관 소장 『旗制』의 체제와 내용상 특징」, 『민족문화연구』 71.

노영구, 2016, 『조선후기의 전술─『兵學通』을 중심으로』, 그물.

박금수, 2013, 「조선후기 陣法과 武藝의 훈련에 관한 연구─훈련도감을 중심으로」, 서울대학교 박사학위논문.

육군 군사연구소 편, 2012, 『한국군사사』 7, 경인문화사.

이숙희, 2007, 『조선후기 군영악대』, 태학사.

정승혜, 2015, 「실용 지식을 한글로」, 『한글이 걸어온 길』, 한글박물관.

정해은, 2004, 『한국 전통 병서의 이해』, 국방부 군사편찬연구소.

정호완, 2012, 『역주 연병지남』, 세종대왕기념사업회.

천제션(홍순도 옮김), 2015, 『누르하치: 청 제국의 건설자』, 돌베개.

최형국, 2013, 『조선후기 기병전술과 마상무예』, 혜안.

한영우, 2016, 『나라에 사람이 있구나─월탄 한효순 이야기』, 지식산업사.

허태구, 2009, 「병자호란의 정치·군사적 연구」, 서울대학교 박사학위논문.

王兆春, 1998, 『中國科學技術史；軍事技術卷』, 科學出版社.

伴三千雄, 1933, 「朝鮮役に於ける兵器と戰法の變遷」, 『日本兵制史』, 日本學術普及會.

宇田川武久, 1993, 『東アジア兵器交流史の研究』, 吉川弘文館.

洞富雄, 1991, 『鐵砲 ─傳來とその影響』, 思文閣出版.

篠田耕一, 1992, 『武器と防具─中國編』, 新紀元社.

戸田藤成, 1994, 『武器と防具─日本編』, 新紀元社.

ㄱ

가량마(架梁馬) 104

거마작(拒馬柞) 44, 128, 148

거영(車營) 38, 42, 45, 121, 143, 147

건주여진(建州女眞) 14

격목(隔木) 142

결승전차(決勝戰車) 181

『경국대전』 96

경번(更番) 163

고두(叩頭) 121

『고려사』 129

고초기(高招旗) 76, 113, 131, 163

공죄(功罪) 97

관기(官旗) 113, 114, 119, 125, 170

관방(關防) 119, 120, 170

교봉(交鋒) 89

「군례서례(軍禮序例)」 73

『군예정구(羣藝正彀)』 161

궁수(弓手) 46, 57, 81, 137, 147

궁시(弓矢) 27, 57

궁 아시가루[弓足輕] 140

궤(跪) 119

금(金) 73, 86

기(旗) 37, 39, 41, 115

기계(器械) 75, 163

기병(奇兵) 41, 51, 90, 91, 94, 158, 159

기영(騎營) 38, 121, 143

기초(旗招) 161

기총(旗總) 41

기패관(旗牌官) 124

기화(起火) 78, 143, 164, 170

『기효신서(紀效新書)』 38, 51, 52, 78, 95,
    121, 145, 173

『기효신서절요(紀效新書節要)』 19

긴고(緊鼓) 85, 134

김지(金遲) 142

ㄴ

나(羅) 74, 112, 126, 136, 162, 168, 170,
　　173, 174
남기(藍旗) 165
낭선수(狼筅手) 39, 50, 51
노영(老營) 169
뇌고(擂鼓) 83, 85
뇌자(牢子) 110

ㄷ

다네가시마[種子島] 48
단구창(單鉤槍) 68
단병기(短兵器) 39, 51, 52, 62, 63, 89, 149,
　　150
단파개(單擺開) 76, 81, 147, 163
당마(塘馬) 104, 164-166
당보군(塘報軍) 72, 74, 104, 134, 169
당보기(塘報旗) 132-134
당파수(鏜鈀手) 39, 40, 42, 50, 51, 62, 78,
　　80, 94
대(隊) 37, 39, 41, 44, 60, 76, 81, 115, 116,
　　128, 132, 134, 140, 164, 168
대각(大角) 75
대금(大金) 86
대기(大旗) 82, 151, 156, 167
대대(大隊) 78, 134
대봉(大棒) 52, 128
대봉수(大棒手) 40, 62
대열기(大閱旗) 113
대장(隊長) 39, 41, 42, 44, 95, 116
대총(隊總) 40, 41, 60, 113
대취타(大吹打) 106
도곤수(刀棍手) 40, 50, 52, 53, 60, 62, 148
독(纛) 108

득승고(得勝鼓) 91, 172
등패수(籐牌手) 39, 40, 50, 51, 53, 60, 93,
　　94

ㅁ

마(磨) 84, 85
마로(馬路) 105
마병(馬兵) 61, 93, 131, 150
마상쌍검(馬上雙劍) 67
마융(馬隆) 181
마편곤(馬鞭棍) 64
『만기요람』 88, 120
망기(望旗) 112, 113
매화진(梅花陣) 94
명금(鳴金) 86
무강거(武剛車) 181
『무경총요(武經總要)』 68
『무예도보통지』 38, 53, 58, 64, 67, 68, 134
『무예제보』 59
『무예제보번역속집』 66, 68

ㅂ

발라(哱囉) 75, 128, 139, 163, 165-167,
　　171
발방(發放) 113, 114
백기(白旗) 165
『병학지남』 45, 76, 84, 86, 90, 133, 135,
　　139, 150, 153, 160, 161
『병학지남연의』 73, 74, 84
『병학통』 76, 105, 139, 151
보편곤(步鞭棍) 64
복병(伏兵) 72, 82, 83, 86, 87, 90-92, 132,
　　134, 136, 137, 150, 151, 153, 155-158,

162, 164-167
불랑기(佛狼機) 41, 143
비교(比較) 97, 173

ㅅ

사(司) 39, 115, 120, 121
사수(射手) 46, 57
사조(謝操) 173
살수(殺手) 39, 46, 50, 57
삼수병(三手兵) 46, 57
삼안총(三眼銃) 61, 107
삼재진(三才陣) 51
삼혈총(三穴銃) 61
서북교련관(西北敎練官) 182
소금(小金) 86
소대(小隊) 129
소취타(小吹打) 108
『속병장도설』 77, 89, 107, 108, 112, 115,
　　118, 127, 133, 144
속오군(束伍軍) 57
솔발(摔鈸) 76, 86, 90, 153, 157, 159, 164
수대(收隊) 153
수복병(搜伏兵) 91, 159
숙정패(肅靜牌) 127
숙정포(肅靜砲) 127
순시기(巡視旗) 87, 110, 124, 151, 156
순시수(巡視手) 88
승자총통(勝字銃筒) 140, 149
승장포(陞帳砲) 110
『신기비결(神器秘訣)』 145
신지(信地) 110
신포(信砲) 144
쌍구창(雙鉤槍) 68
쌍도(雙刀) 24, 61

쌍쇄납(雙瑣吶) 113
쌍수도(雙手刀) 59
쌍수장도(雙手長刀) 40

ㅇ

압진(押陣) 151
애패(挨牌) 180
양의진(兩儀陣) 51, 94
언(偃) 84, 85
언월도(偃月刀) 24
『역어류해(譯語類解)』 79
연환(鉛丸) 140, 144
영(營) 39, 115, 120, 121, 169, 171
영기(零騎) 137
영장(營將) 119, 120
영전(令箭) 91, 159
예(枘) 30, 177
오방기(五方旗) 83, 126
『오자(吳子)』 96
오장(伍長) 40
요도(腰刀) 53, 59, 67
요령 78, 87, 155
용두(龍頭) 48
원앙대(鴛鴦隊) 51
원앙진(鴛鴦陣) 82, 93
원지(原地) 92, 157
『원행을묘정리의궤』 46, 88, 109, 111, 116
월도(月刀) 66
『위료자(尉繚子)』 97
위청(衛靑) 181
유형(柳珩) 179
『융원필비』 49, 64, 138
응(應) 85, 113, 117, 119, 125, 131, 148,
　　163

이괄(李适)의 난 21, 65
이귀(李貴) 17
『이위공문대(李衛公問對)』 38
이청금고(耳聽金鼓) 170
이층진(二層陣) 129, 169
이항복(李恒福) 20
인기(認旗) 28, 84, 113, 115, 131, 148, 163
입(立) 84, 85

ㅈ
작마도(斫馬刀) 180
장거정(張居正) 39
장관(將官) 114, 117, 170
장대(將臺) 104, 107, 118
장도(長刀) 24, 38, 57, 58
장병쾌창수(長柄快鎗手) 40, 141
장중행(張中行) 179
장창수(長槍手) 39, 51
장호적(掌號笛) 113, 170
전(傳) 170
전신(轉身) 135
전신나팔(轉身喇叭) 87, 156
전차(戰車) 15, 104, 134
절강병법(浙江兵法) 39
점(點) 84, 85
점고(點鼓) 85
정(鉦) 73, 74
정병(正兵) 41, 51, 91, 94
정준붕(鄭峻鵬) 179
「제주속오군적부(濟州束伍軍籍簿)」 60
『조련도식(操鍊圖式)』 19
조총(鳥銃) 27, 39, 137
조패(操牌) 103
조헌(趙憲) 17

종택(宗澤) 181
좌독기(坐纛旗) 108
『주례(周禮)』 98
주작기 83, 126
중군(中軍) 72, 92, 106, 160
중영(中營) 169
중통(中筒) 75
지(指) 84, 85
진내(陣內) 150

ㅊ
차관[差官] 168
창 아시가루[槍足輕] 140
창총수(鎗銃手) 139, 140
척계광(戚繼光) 37, 40, 42, 44, 51, 54, 55,
    59, 60, 95, 120, 121, 128, 144
천아성(天鵝聲) 76, 147, 164
천총(千總) 120, 121
철포(鐵砲) 49, 140
철환(鐵丸) 142, 144
청도기(淸道旗) 113
청룡기 83, 126
청룡언월도(靑龍偃月刀) 66
청발방(聽發放) 115
청저(聽著) 120
체부(體府) 182
초(哨) 39, 106, 115, 118
초관(哨官) 106, 114, 116
초급병(樵汲兵) 79, 168
초탐마(哨探馬) 104, 132
초탐마병(哨探馬兵) 132
총수(銃手) 44, 139
최기남(崔起南) 18
추인(芻人) 78, 143

취재(取才) 174
취타(吹打) 110

ㅋ

쾌창(快鎗) 28, 140
쾌창수(快鎗手) 62, 148

ㅌ

타공(舵工) 41, 44, 113, 123
탐마(探馬) 162, 167
태평소 91, 113, 117, 118, 170, 172
토격(土隔) 142
통아(筒兒) 138

ㅍ

파대오(擺隊伍) 25
파대오 나팔(擺隊伍喇叭) 88, 134, 160
파수(鈀手) 148
편곤(鞭棍) 24, 64, 65, 150
편두대봉(扁頭大棒) 44, 150
편상거(偏箱車) 181
편전(片箭) 137, 138
포차(砲車) 42, 104, 134, 148
표창(鏢槍) 53
『풍천유향』 29, 180
피령목전(皮翎木箭) 142

ㅎ

한교(韓嶠) 43, 182
한효순(韓孝純) 15
항오(行伍) 124

행마(行馬) 129
행영(行營) 124
허실(虛實) 149
현무기 83, 126
협도곤(夾刀棍) 52, 68
호적(胡笛) 92
호준포(虎蹲砲) 39, 75, 143
호포(號砲) 75, 106, 110, 126, 134, 163,
    168, 169
화기도감(火器都監) 16, 141, 145
『화기도감의궤』 141, 142, 146
화병(火兵) 39, 95, 128, 148
화승(火繩) 48
화전(火箭) 39, 62, 78, 143, 180
화전수(火箭手) 41
『화포식언해』 142, 144
환자창(環子槍) 68
황기(黃旗) 74, 92, 162, 164-167, 174
횡목(橫木) 177
훈련도감 46, 48, 57, 151
휘(麾) 84, 85
흑기(黑旗) 166, 169

지은이

한교(韓嶠, 1556~1627)

조선중기의 병학자·성리학자. 자는 사앙(士昻), 호는 동담(東潭). 본관은 청주(淸州). 율곡 이이와 우계 성혼의 문하에서 성리학을 배웠고, 특히 예학(禮學)에 매우 능통하였다. 그는 성리학 이외에 여러 분야의 책을 널리 섭렵하여 천문, 지리, 병학 등의 학문에 두루 통달하였다. 1592년 임진왜란이 발발하자 향병(鄕兵)을 모아 전공을 세워 사재감 참봉, 예빈시 주부 등에 제수되었다. 1593년 창설된 군영인 훈련도감의 낭청(郎廳)으로 임명되어 명나라 장수 척계광(戚繼光)이 고안한 새로운 전술인 절강병법(浙江兵法)을 조선에 소개하고 보급하는 데 큰 역할을 하였다. 1612년(광해군 4)에는 여진의 기병에 대응하기 위한 전차 운용 전술을 담은 『연병지남(練兵指南)』을 저술하였다. 1623년 이귀(李貴) 등과 함께 인조반정에 참여하여 정사공신(靖社功臣) 3등 서원군(西原君)에 봉해졌다. 저서로는 『동담집(東潭集)』, 『무예제보(武藝諸譜)』, 『기효신서절요(紀效新書節要)』 등이 있다.

역해자

노영구(盧永九)

서울대학교 인문대학 국사학과, 대학원 국사학과를 졸업하고 「조선후기 병서와 전법의 연구」로 박사학위를 취득하였다. 서울대학교 한국문화연구소 선임연구원 등을 거쳐 현재 국방대학교 군사전략학부 교수로 재직하고 있으면서 한국 전근대 전쟁 및 군사 등의 분야에서 『조선후기의 전술: 병학통을 중심으로』(2016), 『한국군사사』7 (공저, 2012), 『영조대의 한양 도성 수비 정비』(2013), 『조선중기 무예서 연구』(공저, 2006) 등 다수의 저서와 연구 논문 및 정책보고서 등을 발표하였다. 한국역사연구회, 한국 군사사학회, 문헌과 해석 등의 학회 활동과 함께 일본 방위연구소(防衛研究所) 전사연구센터 객원연구원, 국가안전보장문제연구소 군사문제연구센터장 등을 역임하였다.

연병지남

북방의 기병을 막을 조선의 비책

1판 1쇄 찍음 ㅣ 2017년 6월 10일
1판 1쇄 펴냄 ㅣ 2017년 6월 20일

지은이 ㅣ 한교
역해자 ㅣ 노영구
펴낸이 ㅣ 김정호
펴낸곳 ㅣ 아카넷

출판등록 2000년 1월 24일(제2-3009호)
10881 경기도 파주시 회동길 445-3 2층
전화 031-955-9515(편집) · 031-955-9514(주문) ㅣ 팩시밀리 031-955-9519
책임편집 ㅣ 양정우
www.acanet.co.kr ㅣ www.phildam.net

ⓒ 노영구, 2017

Printed in Seoul, Korea.

ISBN 978-89-5733-554-3 94390
ISBN 978-89-8733-230-6(세트)

이 도서의 국립중앙도서관 출판시도서목록(CIP)은
서지정보유통지원시스템 홈페이지(http://seoji.nl.go.kr)와
국가자료공동목록시스템(http://www.nl.go.kr/kolisnet)에서
이용하실 수 있습니다.(CIP제어번호: CIP2017013147)